QU'EST-CE QUE LE TEMPS ?

CHEMINS PHILOSOPHIQUES
Collection dirigée par Magali Bessone et Roger Pouivet

Baptiste LE BIHAN

QU'EST-CE QUE LE TEMPS ?

PARIS
LIBRAIRIE PHILOSOPHIQUE J. VRIN
6 place de la Sorbonne, V e

2019

D. Lewis, « Les paradoxes du voyage dans le temps », trad. fr. J. Benovsky (légèrement modifiée), dans *Philosophie du temps*, Neuchâtel, La Baconnière, 2018, p. 391-412.

Texte original : D. Lewis, « The Paradoxes of Time Travel », *American Philosophical Quarterly* 13, 1976, p. 145-152

K. Miller, « The Growing Block, Presentism and Eternalism », *in* H. Dyke & A. Bardon (éds.), *A Companion to the Philosophy of Time*, Wiley-Blackwell, 2013, section 4.

Imprimé en France
ISSN 1762-7184
ISBN 978-2-7116-2932-9
www.vrin.fr

INTRODUCTION

Qu'est-ce que le temps ? Selon Augustin d'Hippone, « si personne ne me le demande, je le sais ; mais si on me le demande et que je veuille l'expliquer, je ne le sais plus »[1]. Le concept de temps oscille ainsi entre familiarité quotidienne et étrangeté théorique. En effet, le temps occupe une place centrale dans la vie quotidienne, et il n'est nul besoin de réfléchir beaucoup pour utiliser un agenda ou planifier un rendez-vous professionnel. S'il est difficile de donner une caractéristique immédiate et évidente de ce qu'est le temps, nous pouvons en revanche exhiber relativement aisément une liste des *marques* de la temporalité. Le temps s'*écoule*. Ce qui est maintenant futur deviendra présent, puis passé. Le temps est *orienté* du passé vers le futur et les événements se déroulent selon un certain *ordre*. Et en tant qu'êtres humains, nous participons pleinement à cette réalité temporelle : notre existence est finie, *délimitée* par notre naissance et notre mort. Le temps n'est cependant pas, ou du moins pas seulement, une entité privée, propre à chacun d'entre nous. S'il en allait ainsi, il nous serait tout simplement impossible de nous coordonner, de nous donner rendez-vous à une heure précise, ou encore de nous excuser parfois de notre retard auprès de nos amis. Le temps est

1. Saint Augustin, *Les confessions*, trad. fr. J. Trabucco, Paris, Flammarion, 1964, livre XI, chapitre XIV, p. 264.

une entité *publique* qui permet aux femmes et aux hommes de s'organiser et de travailler ensemble, en classant les différentes entités (objets, événements, processus) qui composent le monde à l'aide de *relations d'antériorité*, de *postériorité* et de *simultanéité entre ces entités*. De plus, le temps permet de décrire le passé et l'histoire mais aussi d'appréhender et de préparer l'avenir.

Cependant, cette familiarité n'efface pas une certaine perplexité lorsqu'on examine plus avant les différentes marques de la temporalité. Par exemple, si le temps passe – ce qui signifie vraisemblablement que le *présent* passe – ainsi que le suggèrent de nombreuses locutions courantes, dans quoi passe-t-il exactement ? Et avec quelle vitesse s'écoule-t-il ? Un passage, de même qu'un écoulement, pour utiliser les deux métaphores les plus usitées, est en première intention un type particulier de *mouvement*. Or, un mouvement est une différence de localisation par rapport au temps (c'est-à-dire à différents instants) : si vous bougez votre main devant vous, alors cette dernière occupe une série de positions successives. Si le présent passe, en un sens non métaphorique, il devrait donc s'ensuivre que le présent possède différentes positions dans l'espace à différents *instants* donnant lieu à une circularité dans la définition des termes – en effet, le présent n'est pas un objet matériel qui se déplacerait dans le temps et l'espace puisque, au moins en première approximation, le présent *constitue* en partie (en conjonction avec le passé et le futur) le temps. Comment le temps lui-même pourrait-il être fait d'entités se déplaçant dans le temps ? Ne devrait-on pas alors introduire un deuxième *temps* qui permette d'enregistrer l'évolution du temps en soutenant que le passé, le présent et le futur transitent au sein d'une deuxième dimension temporelle ou, autre option, rejeter la notion même de passage du temps en défendant que cette dernière ne correspond à rien d'objectif? Or, si le temps ne passe pas, que reste-t-il du temps ? N'est-on pas conduit à soutenir que le temps n'existe tout simplement pas ?

Au cours de l'histoire de la philosophie, les réponses offertes à la question de la réalité du temps ont oscillé entre deux pôles : l'*idéalisme* (ou subjectivisme) et le *réalisme* (ou objectivisme). D'après l'idéalisme, le temps n'existe pas objectivement. Il s'agit d'un phénomène purement subjectif: en l'absence de sujets conscients, le temps n'existerait pas. Au contraire, d'après le réalisme, le temps possède une réalité objective : il s'agit d'un élément constitutif du monde, qui ne dépend aucunement de l'existence de sujets expérimentant et concevant ce monde. En somme, on peut appréhender le temps ou bien comme un *phénomène objectif*, existant indépendamment de nous, ou comme un *phénomène subjectif* produit et projeté par une faculté humaine, en défendant ou bien que le temps n'existe pas à proprement parler, ou bien qu'il s'agit d'un phénomène possédant une existence non naturelle. Augustin, par exemple, penche vers l'idéalisme en s'interrogeant : que faisait Dieu *avant* la création de l'Univers[1] ? Dieu, pourtant supposé immuable, n'a-t-il pas dû subir un changement lorsqu'il prit la décision de créer l'Univers ? Après tout, il aurait pu décider, semble-t-il, de créer l'univers un peu plus tôt ou de repousser sa création à plus tard. Ce type d'interrogations théologiques poussa Augustin à défendre que le temps n'existe pas objectivement et à assimiler la réalité naturelle à un royaume atemporel qu'il nomme « éternité ». Ainsi, il défend la thèse de la *Distensio Animi*, thèse selon laquelle le temps est une distorsion de

1. Saint Augustin, *Les confessions*, *op. cit.*, p. 262-263.

l'âme qui prend place au sein d'une réalité atemporelle. En ce sens, il argue que le passé et le futur n'existent pas (le premier n'existant plus, le second n'existant pas encore) d'une part, et que le présent n'existe pas (à l'aide d'un raisonnement sur l'extension du présent) d'autre part, concluant qu'aucun des trois temps n'existe et donc que le temps n'existe pas. Néanmoins, il reconnaît aussi que le temps préexistait aux êtres humains et attribue plusieurs propriétés objectives au temps, ce qui laisse supposer qu'il ne nie pas l'objectivité de la *totalité* des caractéristiques supposées du temps, mais uniquement celle d'un *sous-ensemble* de ces attributs.

Dans ses développements contemporains, la question de la réalité du temps en général, et de celle de ses diverses propriétés en particulier, a pris la forme d'une opposition entre la *conception du devenir* d'inspiration héraclitéenne, qui identifie la réalité naturelle avec un présent en devenir, et la *conception de l'univers-bloc* d'inspiration plus parménidienne, qui assimile la réalité naturelle à un espace-temps quadri-dimensionnel fixé. La première conception postule une réalité en constant renouvellement, tout instant présent prenant la place d'un instant antérieur, projetant ce dernier dans le passé et préparant l'arrivée d'un instant postérieur. La seconde conception appréhende le monde naturel comme un espace-temps statique qui ne change pas. Dans ce cadre, la réalité n'est plus alors identifiée au monde spatial et aux entités matérielles qu'il contient à l'instant présent, mais au monde spatial et temporel : un monde étalé non seulement dans l'espace mais aussi dans le temps, une réalité à quatre dimensions qui possède des parties spatiales *et* des parties temporelles (localisées dans notre passé, dans notre présent et dans notre futur).

Notons dès à présent que les philosophes contemporains s'accordent sur la nécessité d'éviter un traitement trop monolithique de la notion de temps et que le débat contemporain ne porte pas foncièrement sur la réalité ou l'idéalité du temps, mais plutôt sur la réalité ou l'idéalité des *propriétés usuellement attribuées au temps*. La théorie de l'univers-bloc et la théorie du devenir sont chacune constituées d'une pluralité de thèses philosophiques opérant à différents niveaux, et se prononçant sur différents attributs temporels tels que l'*existence du passage du temps* et l'*existence du passé et du futur*. Indépendamment de ces débats, d'autres interrogations portent sur la réalité d'autres attributs du temps : la direction du temps, le caractère *relationnel ou substantiel*, ou encore plus récemment avec la physique contemporaine, l'organisation des relations d'ordre qui structurent la dimension temporelle.

Cet ouvrage vise à présenter ces deux conceptions tout en prenant le parti de défendre la conception de l'univers-bloc, avec l'espoir d'implanter durablement dans l'espace intellectuel francophone cette vision du monde suggérée par l'analyse philosophique de nos croyances ordinaires et de nos théories physiques. L'auteur de ces lignes soutiendra ainsi que ce que nous appelons communément le « temps » est la quatrième dimension du monde, un monde à quatre dimensions découvert avec l'essor de la relativité restreinte et générale au début du XXe siècle. Certains attributs spécifiques que nous lui attribuons, et le différenciant de l'espace, tels que l'écoulement ou la distinction entre le passé, le présent et le futur, n'existent pas dans le monde : ils émergent de notre localisation et de notre perspective au sein de l'univers quadri-dimensionnel, à savoir l'*espace-temps*. Néanmoins, nous le verrons, le temps possède des caractéristiques qui le distinguent des dimensions spatiales.

Le lecteur trouvera dans cet ouvrage une présentation des développements contemporains en philosophie du temps – l'histoire de la notion depuis les prémices de la philosophie occidentale, écrasante, sera laissée de côté. La première partie de cet essai, intitulée « La tension fondamentale », visera à introduire un argument de McTaggart – philosophe britannique néo-hégélien, injustement méconnu dans le monde francophone – *contre la réalité du temps*, avancé par ce dernier en 1908. L'argument, s'il n'a pas convaincu la postérité, possède toutefois le mérite d'avoir permis le déploiement d'une terminologie claire et d'un réseau de concepts extrêmement utiles, désormais standards dans la philosophie du temps de langue anglaise. Nous le verrons, McTaggart procède en exhibant une tension entre les *relations d'ordre* qui connectent les événements d'une part, et l'*écoulement* supposé du temps d'autre part, une tension à l'origine des deux grandes conceptions du temps. La deuxième partie de l'essai traitera de l'*existence du passé et du futur* : j'y défendrai que le passé et le futur existent au même titre que le présent. La troisième partie de l'ouvrage portera sur l'opposition entre les réalistes et les anti-réalistes à propos de l'*écoulement du temps*, sous le titre « Le passage du temps ». Dans un quatrième temps, appelé « L'orientation du temps », nous aborderons le problème de l'*orientation du temps* : nous verrons que s'il existe une orientation générale des phénomènes, cette dernière ne prend pas nécessairement sa source dans la dimension temporelle elle-même. Laissant de côté les débats sur la théorie de l'univers-bloc et la théorie du devenir, la cinquième partie de l'essai servira d'introduction à la discussion à propos de la *nature catégorielle* du temps, un débat dont l'histoire moderne remonte à Newton, Clarke et Leibniz : le temps est-il une *substance* indépendante de la matière et des objets physiques, ou la collection des *relations* entre les objets matériels, l'existence des premières dépendant de l'existence de ces derniers (« Substantialisme *versus* relationnisme »)? Dans la section 6, en guise d'ouverture, nous examinerons les conséquences pratiques de la théorie de l'univers-bloc, et la manière dont celle-ci pourrait venir à être modifiée par la physique du futur. Les questions autour de la possibilité des voyages dans le temps et de la contingence du futur, lorsqu'on souscrit à cette vision éternaliste de l'univers, seront traitées dans la partie commentaire avec l'étude de deux extraits de textes rédigés respectivement par David K. Lewis et Kristie L. Miller.

LA TENSION FONDAMENTALE

Les deux aspects du temps

Le temps, tel que nous l'entendons ordinairement, est caractérisé par deux aspects : un *aspect relationnel* et un *aspect dynamique*. Ces deux aspects, pris mutuellement, génèrent une tension à la source des réflexions contemporaines sur la nature du temps. Afin de le voir, examinons tour à tour ces deux aspects.

Le temps possède une nature relationnelle en ce qu'il est composé de relations temporelles entre les instants, les choses et les événements. Ces relations sont de trois types : les *relations d'antériorité*, de *postériorité* et de *simultanéité*. Les épisodes qui rythment votre journée, tels que vos repas, vos déplacements ou vos séances de travail par exemple, sont ordonnés les uns par rapport aux autres à l'aide de ces trois types de relations. Chacun a son rituel *avant* d'aller au travail et *avant* d'aller se coucher. Ces épisodes se produisent ainsi selon un certain ordre, et avec des durées propres qu'il est possible de comparer. Dans la littérature philosophique, il est courant d'utiliser le terme « événement » pour désigner à la fois les épisodes légèrement étendus dans le temps, et les choses se produisant dans le temps de manière instantanée. Ce concept d'événement s'éloigne cependant du sens commun en ne se réduisant pas aux événements remarquables qui marquent l'histoire de l'humanité ou la vie d'une personne. La notion d'événement, telle qu'elle sera utilisée par la suite, englobe également des situations banales et peu intéressantes telles qu'un épisode de pluie. Notons dès à présent que les frises chronologiques permettent de mettre en lumière le caractère relationnel du temps – si l'on excepte le fait que ces dernières ne décrivent habituellement que le passé, et non le cours de l'histoire future. En effet, les frises représentent l'*ordre de succession*, ainsi que la *distance temporelle* entre des événements – et, parfois, la durée relative de certains événements. Ce caractère relationnel, toutefois, n'est pas uniquement la marque du temps et vaut pour toute dimension, que l'on peut appréhender comme une collection d'entités organisées par des relations d'ordre. Les grandeurs physiques telles que la température ou la pression sont autant d'exemples de telles dimensions. Pour notre propos, une autre dimension, comparable au temps sur de nombreux points, doit cependant retenir notre attention : l'*espace*.

L'analyse des rapports entre le temps et l'espace se révèle en effet cruciale pour percer le mystère de la nature du temps. De même que la dimension temporelle est composée d'instants et de relations temporelles entre ces instants, l'espace est composé de *lieux* et de *relations spatiales* entre ceux-ci. Les choses et les événements sont localisés dans le temps et dans l'espace. Les similarités entre espace et temps sont en fait ce qui justifie la pertinence des frises chronologiques pour appréhender le temps. Qu'est-ce en effet qu'une frise chronologique sinon une *organisation spatiale* qui *représente* une *organisation temporelle* ? Néanmoins, l'espace et le temps n'ont pas exactement la même nature dimensionnelle, et cela pour deux raisons. Premièrement, le temps est composé d'une *seule et unique* dimension alors que l'espace est composé de *trois* dimensions (largeur, hauteur et profondeur). Deuxièmement, les trois dimensions spatiales n'ont pas de direction privilégiée. Le temps, au contraire, semble asymétrique : les processus physiques se déploient tous dans une même direction, de l'avant vers l'après. La reconnaissance du caractère relationnel du temps ne revient donc aucunement à spatialiser celui-ci. L'espace et le temps sont dotés d'attributs communs tout en étant pourvus de spécificités propres, tout du moins en première approche : la tri-dimensionnalité et la symétrie pour l'espace, l'uni-dimensionnalité et l'asymétrie pour le temps.

La seconde caractéristique majeure du temps, à côté de son aspect relationnel, est son *dynamisme*. Bergson, à cet égard, est bien connu dans nos contrées francophones pour avoir fait de cet aspect le fondement de sa philosophie, en forgeant le concept de *durée*[1]. Le temps passe. Le temps s'écoule. La réalité est en constant renouvellement, en devenir. Les locutions ne manquent pas pour désigner ce dynamisme. De manière plus précise, l'expression « passage du temps » fait référence au passage du passé, du présent et du futur ou, alternativement, des entités localisées dans le temps. Ce qui était futur devient présent, puis passé. Ce qui était présent devient passé. Et ce qui était passé le devient encore un peu plus, s'enfonçant toujours plus profondément dans le passé, plus loin du présent. Le temps est ainsi constitué de trois « zones », trois « régions temporelles » : le *passé*, le *présent* et le *futur*. Cette séparation du temps en trois

1. H. Bergson, *Essai sur les données immédiates de la conscience*, Paris, Félix Alcan, 1889.

zones est dynamique et glisse le long de la dimension du temps constituée de relations temporelles d'ordre, tel un curseur le long d'une règle graduée, impliquant que les deux caractéristiques fondamentales du temps sont étroitement liées. Prenons par exemple l'événement de votre naissance. Celui-ci est un événement *passé ;* mais il occupe aussi une certaine place dans le réseau de relations temporelles qui constitue le temps en étant localisé *avant* l'instant où vous lisez ces lignes.

Un problème est que cette manière d'approcher le temps, somme toute banale, est porteuse d'une *tension*, que nous allons examiner plus loin. Selon McTaggart, cette tension est si forte que nous devrions en inférer que *le temps n'existe pas*[1]. La difficulté fondamentale, d'après lui, ne relève pas uniquement de la simple tension ou de la difficulté : elle est en fait une *contradiction* en bonne et due forme, lovée au cœur même de notre conception ordinaire du temps. Cette conception ordinaire du temps selon McTaggart, est la conception connue de nos jours sous le nom de « théorie du faisceau en mouvement » (*moving spotlight theory*) qui assimile notre réalité à un espace-temps dans lequel le présent s'écoule, tel un rayon de lumière balayant le contenu de cet espace-temps. Fidèle à la méthode des néo-hégéliens britanniques de

1. J. M. E. McTaggart, « The Unreality of Time », *Mind* 17, 1908, p. 457-474. Trad. fr. et présentation de l'argument S. Bourgeois-Gironde, *McTaggart : temps, éternité, immortalité*, Paris, Éditions de l'Éclat, 2000 ; voir également H. Mellor, « The Unreality of Tense », *in* R. Le Poidevin & M. MacBeath (eds.), *The Philosophy of Time*, Oxford, Oxford University Press, 1993, p. 47-59, trad. fr. dans J. Benovsky (éd.), *Philosophie du temps*, Neuchâtel, La Baconnière, 2018, p. 315-338.

la fin du XIXe siècle[1], McTaggart en conclut que le temps n'existe pas. En effet, la méthode des néo-hégéliens consistait en grande partie à examiner le sens commun, dans le but d'y déceler des contradictions. La finalité d'une telle enquête consistait à dériver des conclusions métaphysiques et, plus précisément, l'inexistence des entités présupposées par le sens commun et donnant lieu à des contradictions[2].

McTaggart introduit quelques notions techniques afin de permettre sa démonstration. Dans la mesure où celles-ci permettent de rendre limpides les deux aspects dynamiques et relationnels du temps, prenons le temps de les introduire sommairement. Il nomme « séries A » les séries d'événements obtenues à l'aide de la distinction entre le passé, le présent et le futur, et « séries B » les séries d'événements obtenues à l'aide des relations temporelles entre les événements, sans référence aucune à un présent objectif. Prenons la collection des événements de votre naissance, de vos vingt ans, de vos trente ans et de vos quarante ans, et désignons-les respectivement à l'aide des lettres e_1, e_2, e_3 et e_4. La série B de ces événements est (e_1, e_2, e_3, e_4). L'ordre d'apparition des lettres représente l'ordre temporel successif des événements. La série B en question n'est donc ni (e_2, e_1, e_3, e_4) ou (e_1, e_2, e_4, e_3), par exemple. La série B est ainsi construite à l'aide des relations d'antériorité (ou de postériorité) entre les

1. Ce mouvement est représenté principalement par F. H. Bradley, J. M. E. McTaggart et T. H. Green. Il se caractérise par une reprise des thèmes et doctrines explorés par Hegel, en souscrivant toutefois à la tradition britannique de la recherche de clarté dans l'expression.

2. Sur McTaggart et la méthode des néo-hégéliens, voir P. Geach, *Truth, Love, and Immortality : An Introduction to McTaggart's Philosophy*, Berkeley, University of California Press, 1979.

événements. Si l'on nomme « R » cette relation, on a donc e_1Re_2, e_2Re_3, e_3Re_4, mais aussi e_1Re_4, puisque la relation d'antériorité est transitive[1].

Néanmoins, McTaggart ne soutient nullement qu'il existe une différence entre les séries A et les séries B. Les événements e_1, e_2, e_3 et e_4 donnent lieu à une série A (e_1, e_2, e_3, e_4) et à une série B (e_1, e_2, e_3, e_4). Bien que ces deux séries A et B soient identiques, elles sont le résultat de deux *méthodes de construction différentes*. Pour ce qui est de la construction des séries A, les événements sont organisés à l'aide de propriétés générales d'être passé, d'être présent et d'être futur, ou de propriétés plus spécifiques d'être passé de deux secondes, de trois ans, ou d'être futur de quatre secondes, par exemple. Les propriétés A spécifiques résultent ainsi de la conjonction de propriétés A générales et d'une *métrique*, c'est-à-dire d'une distance, ici temporelle, mesurable, existant entre l'événement auquel s'applique la propriété d'une part, et le présent d'autre part. Admettons qu'à l'heure d'aujourd'hui vous soyez âgé(e) de trente ans. En ce cas, l'événement e_1 de votre naissance s'est produit il y a trente ans de cela : e_1 possède la *propriété d'être passé de trente ans*. L'événement e_2 de vos vingt ans a eu lieu il y a dix ans de cela : e_2 possède la *propriété d'être dix ans passé*. L'événement e_3 de l'année de vos trente ans est présent : e_3 possède la *propriété d'être présent*. L'événement e_4 de vos quarante ans aura lieu dans dix ans : e_4 possède la

1. Nous verrons que la transitivité de la relation d'antériorité doit être, sinon amendée, au moins relativisée dans le cadre de la *théorie de la relativité restreinte*, dans la mesure où la relation de simultanéité n'est plus transitive. Pour le moment, examinons notre conception du temps sans l'enrichir des amendements relativistes qui seront présentés plus loin dans le texte.

propriété d'être futur de dix ans. Il est désormais standard dans la littérature philosophique de faire référence à ces propriétés temporelles centrées sur le présent, qu'elles soient générales ou spécifiées temporellement par une métrique, sous le nom de « *propriétés A* », dans la lignée des séries A de McTaggart.

En ce qui concerne la construction des séries B, les événements sont organisés à l'aide de relations temporelles générales d'antériorité, de postériorité ou de simultanéité, ou de relations temporelles plus spécifiques d'antériorité et de postériorité d'une certaine durée. Par exemple, l'événement e_1 est *antérieur de dix ans* à un événement e_2 dans la mesure où il existe une relation d'antériorité d'une durée de dix ans entre e_1 et e_2. Ces relations temporelles, qu'elles véhiculent une certaine durée ou qu'elles soient moins spécifiques, sont communément nommées « *relations B* » en référence au concept mctaggartien de série B. Notre schéma ordinaire du temps, dans cette terminologie, est donc celui de propriétés A qui transitent le long de la dimension temporelle, elle-même constituée de relations B. Ces précisions terminologiques sont loin d'être superflues car, comme nous le verrons, les deux théories majeures à propos de l'écoulement du temps se déploient en prenant position quant à la nature et l'existence de ces deux créatures temporelles – les *propriétés A* et les *relations B* – si bien qu'on fait communément référence à la théorie dynamique sous le nom de « théorie A », et à la théorie qui nie l'écoulement du temps comme à la « théorie B ». Nous reviendrons sur ces deux théories dans la section 3 ; pour le moment focalisons-nous sur la démonstration de McTaggart.

UNE PREMIÈRE ÉTAPE : LE PROBLÈME DES SÉRIES A

D'après ce dernier, notre conception ordinaire du temps implique d'attribuer des propriétés A *mutuellement exclusives* aux événements temporels. En effet, les propriétés A sont mutuellement exclusives : si une chose est passée alors elle n'est ni présente ni future. Si une chose est présente, alors elle n'est ni passée ni future. Et si une chose est future, alors elle n'est ni présente ni passée. Aucune chose dans notre monde matériel ne peut prétendre instancier plus d'une des trois propriétés A générales. L'anniversaire de vos vingt ans, par exemple, est passé, présent ou futur, il ne possède pas deux de ces propriétés. Or, selon McTaggart, *notre conception ordinaire du temps, de par son caractère dynamique, implique d'attribuer les trois propriétés A à tout événement se produisant dans le monde*. Plus précisément, la source du problème est le *caractère transitoire* des propriétés A, le fait que ces dernières sont, par définition, dynamiques. La rédaction de cet essai est présente pour moi, au moment même où j'écris ces lignes. Ce même fait est passé pour vous, relativement à votre lecture de l'ouvrage. Ce fait s'explique par la raison *a priori* banale suivante : le temps s'écoule. Les propriétés A transitent paisiblement dans la dimension temporelle et tout événement, un jour présent, est voué à s'aventurer toujours plus loin dans le passé en conséquence de cette migration des propriétés A. Cependant, s'il est évident que ces propriétés transitent, il est tout aussi évident que ces propriétés sont mutuellement exclusives. La rédaction même de cet essai était présente, et est désormais passée. Et la rédaction de cet essai ne peut pas être *à la fois* présente et passée. On assiste ici à la naissance d'une contradiction apparente entre la *transition* des propriétés A et l'*exclusion mutuelle* de ces mêmes propriétés.

La réponse immédiate à cette objection est qu'elle est défectueuse pour la simple et bonne raison qu'elle émerge d'une ambiguïté que l'on peut aisément désamorcer. Un événement, pourrait-on songer, n'est jamais supposé instancier des propriétés A mutuellement exclusives *au même instant*, et donc, relativement à la *même zone temporelle*. Par exemple, la rédaction de cet essai est présente relativement à l'instant *présent* t_1 de mon point de vue temporel (c'est-à-dire de ma localisation au sein de la dimension temporelle) et passée relativement à une autre zone temporelle, de votre propre point de vue *présent* t_2. Malheureusement, on aboutit alors à une nouvelle génération de propriétés A, plus complexes car relativisées à un temps particulier : la propriété d'être présent-relativement-au-présent, la propriété-d'être-passé-relativement-au-présent, etc. Ces propriétés sont bien des propriétés A dynamiques puisqu'elles sont supposées varier au cours du temps. Le problème se pose cependant à nouveau puisque la rédaction de cet essai est à la fois présente-relativement-au-présent (de *mon* point de vue présent), et passée-relativement-au-présent (de *votre* point de vue présent). Or, ces deux dernières propriétés A complexes sont tout aussi contradictoires que les propriétés A atomiques à partir desquelles elles ont été construites.

Nous assistons ainsi, curieusement, à la génération d'une *infinité de niveaux de propriétés*, la contradiction à un niveau particulier *n* disparaissant grâce au postulat d'un niveau de complexité de propriétés A supérieur

$n+1$. En un sens, les contradictions sont *locales* : elles portent toujours sur un niveau particulier de complexité de propriétés. Toutefois, il n'est pas entièrement certain que l'on puisse légitimement parler d'une *contradiction globale* face à cette inflation infinie de propriétés A. Après tout, le concept d'infinité n'est pas forcément rédhibitoire, comme le montre par exemple la pratique du calcul transfini en mathématiques. Cependant, à mon sens, l'essentiel n'est pas de découvrir si la tension est une contradiction. Le fait que notre conception ordinaire du temps génère une infinité de niveaux de complexité de propriétés A témoigne, sinon d'une contradiction, au moins d'un défaut de *parcimonie ontologique*. En d'autres termes, la tension fondamentale de notre conception du temps mène, au mieux, à une explosion ontologique entraînant l'existence d'une infinité de types de propriétés A (plus ou moins complexes) et, au pire, à une contradiction. Que l'on soit prêt à suivre McTaggart en catégorisant la difficulté comme une contradiction, ou que l'on affaiblisse son résultat en le catégorisant comme un défaut de parcimonie ontologique, la difficulté est bien réelle.

UNE DEUXIÈME ÉTAPE : L'ESSENTIALITÉ DES SÉRIES A

La contradiction (ou tension) qui naît de la transition des propriétés A, à savoir l'écoulement du temps, n'est que la première étape de l'argument de McTaggart. Fidèle à la méthode des néo-hégéliens, il en infère de plus que *le temps n'existe pas*. Si les propriétés A mènent à une contradiction, il faut, selon lui, se résoudre à admettre que les propriétés A n'existent pas. Or, selon McTaggart, *les propriétés A sont essentielles à la réalité du temps.* Autrement dit, si le temps ne s'écoule pas alors le temps n'existe pas. En effet, selon McTaggart, les propriétés A sont porteuses du changement de la réalité. De même que Bergson et que l'ensemble des philosophes sensibles à l'aspect dynamique de notre monde, McTaggart ne peut concevoir que le monde soit à la fois temporel et dénué d'authentique changement, entendu comme le glissement de la distinction du passé, du présent et du futur le long de la dimension temporelle. L'affirmation mctaggartienne de l'inexistence du temps repose ainsi sur l'étroite connexion entre les deux notions de *temps* et de *changement*. Toutefois, notons que McTaggart adopte ici une thèse particulière et substantielle du changement : la thèse que tout changement authentique plonge ses racines, en partie, dans le passage du temps. Or, il existe un autre concept de changement, plus faible, comme variation à travers la dimension temporelle, défendu notamment par Bertrand Russell[1]. McTaggart tient ainsi pour acquise (plutôt qu'il ne défend) une thèse particulière à propos de la nature du changement et de sa relation avec le passage du temps.

La tension fondamentale, qu'elle soit contradictoire ou non, découle de notre acceptation de deux thèses à propos de la nature du temps : que le temps s'écoule d'une part, et que le passé et le futur sont tout aussi réels que le présent d'autre part. Allant à l'encontre de la méthode des néo-hégéliens, la majorité des philosophes qui travaillent sur le temps, tout en s'accordant sur la validité de l'argument de McTaggart, se refusent néanmoins à en admettre la

1. B. Russell, *The Principles of Mathematics*, New York, W. W. Norton & Co, 1996, § 442-443.

conclusion. Ceci implique, *ipso facto*, qu'au moins l'une ou l'autre des prémisses de l'argument est fausse. Ou bien il n'est pas vrai que les propriétés A sont contradictoires, ou pour le dire en des termes moins techniques, il n'est pas vrai que le concept d'écoulement du temps génère des contradictions, ou bien, il n'est pas vrai que les propriétés A sont nécessaires à l'existence du temps, ou à nouveau pour l'exprimer en des termes plus communs, il nous faut nier que le temps doive nécessairement s'écouler pour exister. Cette tendance générale au refus de la méthode des néo-hégéliens repose sur l'idée, somme toute raisonnable, que les contradictions lovées dans nos concepts ordinaires peuvent être éliminées et n'entraînent pas nécessairement que ces concepts ne ciblent pas, maladroitement, des articulations de la réalité. Lorsque l'on détecte un dysfonctionnement dans notre vision ordinaire du monde, pourquoi ne pas tenter de corriger ces représentations abstraites plutôt que d'affirmer radicalement que l'entité à la source du problème n'existe pas ? En somme, il est préférable d'examiner ce qu'est le temps, en se préparant à réviser l'appréhension que nous en avons ordinairement, plutôt que d'en nier l'existence par un geste radical. Dans les deux sections suivantes, nous verrons que deux approches, plus ou moins convaincantes, permettent de neutraliser la tension fondamentale.

L'EXISTENCE DU PASSÉ ET DU FUTUR

L'ÉTERNALISME

An -400, Athènes en Grèce. Socrate vient d'être condamné à boire la ciguë et passe ses derniers moments avec ses amis et sa famille. An 2183, Mars dans le système solaire. L'assemblée de la confédération des colonies martiennes vient de promulguer son indépendance politique à l'égard de la Terre. Qu'est-ce qui distingue ces deux événements ? Premièrement, le premier événement s'est réellement produit, alors que le second événement est hautement spéculatif, relevant probablement de la fiction. L'indépendance de Mars pourrait se produire, en ce sens que cet événement n'est pas incompatible avec la somme de nos connaissances actuelles. Toutefois, il faut bien admettre que nous n'en savons rien, dans la mesure où nos connaissances à propos du futur et nos prédictions sont toujours partielles et hypothétiques, fondées dans des inférences et dans des modèles théoriques plus ou moins précis. Deuxièmement, le premier événement est localisé dans le passé alors que le second est localisé dans le futur. Dans ce chapitre, nous allons nous arrêter sur la question de l'existence des événements passés et à venir, et nous n'aborderons pas la question des limites de notre connaissance du futur. Doit-on appréhender la mort de Socrate et l'indépendance de Mars, en admettant que ce dernier vienne à se produire, comme des événements tout aussi réels que votre présente lecture de ces lignes ? Plus généralement, afin de ne pas nous limiter à la catégorie métaphysique particulière des événements, les *entités matérielles* en tout genre – objets, faits, événements, personnes – passées et futures existent-elles au même titre que les entités présentes[1] ?

À la section précédente, il est devenu apparent que l'argument de McTaggart dépend directement de l'hypothèse selon laquelle les événements passés et futurs existent tout autant que les événements présents. La rédaction de cet essai, par exemple, est future relativement aux instants antérieurs à celle-ci, et passée relativement aux instants qui lui succèdent. Une telle attribution présuppose en amont que le temps s'écoule dans une dimension temporelle dont chaque instant qui la constitue possède une certaine réalité. En somme, la rédaction de cet essai, lorsqu'elle devient passée, ne cesse pas pour autant d'exister – tout du moins, c'est ce que suggère McTaggart. Elle acquiert une existence passée, perdant son existence présente, mais ne cesse pas pour autant d'exister *tout court*. McTaggart souscrit ainsi implicitement à une thèse éternaliste. Selon l'*éternalisme*, les entités passées et futures existent au même titre que les entités présentes. Cette thèse attribue ainsi une existence égale à l'ensemble des entités naturelles, indépendamment de leur localisation dans le passé, le présent ou le futur. L'éternalisme s'oppose ainsi à deux thèses adverses : le *présentisme* et le *non-futurisme*. Le présentisme est la thèse selon laquelle seul

1. Une autre question à propos du présent est celle de son étendue. Nous ne pourrons l'aborder dans le cadre de cet essai. *Cf.* B. Le Bihan, « Le temps », dans M. Kristanek (dir.), *L'encyclopédie philosophique*, http://encyclo-philo.fr/temps-a/, section 4.

le présent existe, contrairement au passé et au futur. Votre lecture de ces lignes est un fait bien réel, contrairement à la mort de Socrate et à la proclamation d'indépendance de Mars. S'insérant logiquement entre le présentisme et l'éternalisme, le non-futurisme est la thèse intermédiaire selon laquelle le passé et le présent existent contrairement au futur. La mort de Socrate existe tout autant que votre lecture de cet essai, contrairement à la proclamation d'indépendance de Mars.

McTaggart, lorsqu'il soumet son raisonnement à notre sagacité, souscrit implicitement à une thèse éternaliste. En effet, toute attribution de propriétés mutuellement exclusives d'être passé, présent et futur à un événement, puisqu'elle est relative à un instant localisé dans l'une des trois zones temporelles, requiert l'existence de cette zone temporelle et de l'instant localisé dans cette zone. Par exemple, si la rédaction de cet essai est présente du point de vue de son *auteur* et qu'elle est passée relativement à la localisation dans le temps du *lecteur*, l'attribution des deux propriétés suppose la *coexistence simpliciter* du passé et du présent. Cette *coexistence simpliciter* est une notion technique qui véhicule l'idée selon laquelle il existe une distinction entre *exister à un certain instant* et *exister tout court*. Par exemple, les nombres s'ils existent, existent *simpliciter*, et non pas dans le temps. Ou le temps lui-même, s'il existe, existe *simpliciter* et n'existe pas dans le temps. Exister à un certain instant implique d'exister *simpliciter*. En ce sens, deux événements tels que l'épisode de pluie à la date d'hier, et l'ouragan aujourd'hui, coexistent *simpliciter*, le premier du fait qu'il *a* existé, le second parce qu'il existe *présentement*. En revanche, la converse n'est pas vraie ; du moins pas pour tous les philosophes. En effet, s'il existe quelque chose comme des entités abstraites existant hors du temps et de l'espace, alors l'existence *simpliciter* caractérise les entités naturelles *et* les entités abstraites telles que les nombres réels, les vecteurs ou les ensembles. Retenons que l'existence à un instant particulier implique l'existence *simpliciter*, mais que l'inférence de l'existence *simpliciter* à l'existence dans le temps est plus délicate en ce qu'elle impose des hypothèses substantielles sur la nature des entités abstraites et des rapports qu'elles ont avec le temps.

Les problèmes du présentisme

En vue de répondre à l'argument contre la réalité du temps, pourquoi ne pas éliminer alors le passé et le futur de l'équation à résoudre, en adhérant à la thèse *présentiste* ? En effet, le présentiste rejette l'implication qui, partant de l'existence passée du passé et de l'existence future du futur, infère la coexistence *simpliciter* du passé, du présent et du futur, une coexistence *simpliciter* nécessaire à la possibilité même d'attribuer conjointement des propriétés dynamiques A mutuellement exclusives à un événement particulier. Le présentisme permettrait ainsi de couper l'herbe sous le pied de celui qui voudrait soutenir qu'un même événement est passé relativement à un instant futur, et futur relativement à un instant passé. À strictement parler, dans la mesure où la réalité se réduit au présent, tout événement est présent relativement au présent, et rien de plus. La seule authentique propriété dynamique qui soit est la propriété d'être présent.

Outre qu'il offre une réponse à l'objection de McTaggart, le présentiste possède un atout supplémentaire. Il peut enraciner la *contingence du futur* dans un fait très simple : le futur n'existe pas. Sur ce point, le présentiste travaille main dans la main avec le non-futuriste, puisqu'ils peuvent tous deux fonder la contingence du futur dans l'inexistence des entités futures. Le fait qu'il n'existe aucun événement en 2183 laisse ouvert la possibilité d'une indépendance de Mars, ou de tout autre événement alternatif. Si le futur n'existe pas, cela signifie que différents futurs peuvent advenir. Cependant, demeurons prudents : il ne s'agit pas d'affirmer que la contingence du futur découle nécessairement du présentisme. Il s'agit ici d'une relation plus faible de *compatibilité* : le présentisme, de même que le non-futurisme, est compatible avec la contingence du futur, alors que l'éternalisme doit faire face, au moins à première vue, à une certaine difficulté pour rendre compte de la contingence du futur lorsqu'il soutient que l'ensemble de la réalité coexiste *simpliciter*. De plus, il est parfois soutenu que le présentisme constitue une thèse moins radicale, plus en accord avec le sens commun que l'éternalisme. Toutefois, ceci est à strictement parler faux, si l'on prend du recul et que l'on observe à quel point le présentisme mène nécessairement à des conséquences contre-intuitives[1].

Cependant, malgré son aisance à échapper au problème de McTaggart et à fonder la contingence du futur, le présentiste, en réduisant l'étendue de la réalité au seul instant présent, doit faire face à de sérieuses difficultés concernant le traitement du passé. Par définition, le présentiste soutient, au-delà de l'affirmation triviale

1. *Cf.* B. Le Bihan, « Contre les défenses du présentisme par le sens commun », *Igitur* 9, 2018, p. 1-23.

selon laquelle le passé n'existe *plus*, que le passé n'existe *pas*. De là à en inférer que le présentisme affirme que le passé n'a jamais existé, il n'y a qu'un pas. Un pas que le présentiste doit se refuser à franchir, toutefois, malgré les coups d'épaule insistants de ses adversaires. Prenons un exemple banal : vous vous souvenez d'un épisode de pluie s'étant produit à la date d'hier dans la commune où vous résidez. La mémoire sert ici uniquement d'exemple : admettons que vous ne faites pas d'erreur à propos de ce qui s'est produit le jour d'avant. Selon le présentiste, cet événement de pluie n'existe pas, bien qu'il soit vrai qu'un événement de pluie ne soit produit à la date d'hier. Or, les métaphysiciens et les philosophes du langage contemporains font appel, à ce propos, au *principe de vérifaction* (*truthmaker principle*). D'après ce principe, si un énoncé est vrai, alors il existe quelque chose qui rend vrai cet énoncé, un « faiseur de vérité » ou « vérifacteur », une partie du monde objectif. Sans entrer dans les détails de la justification d'un tel principe, celui-ci repose fondamentalement sur l'idée qu'il faut bien que le monde objectif joue un rôle déterminant si l'on souhaite pouvoir séparer le bon grain de l'ivraie, c'est-à-dire, établir une différence entre le vrai et le faux. Si les énoncés ne tiraient pas leur vérité d'une connexion quelconque à la réalité, cette différence cruciale en viendrait à s'effacer.

Or, le présentiste est dans une situation délicate lorsqu'on le presse de nous fournir une description des entités qui fondent la vérité des énoncés qui décrivent le passé. Ainsi, qu'est-ce qui rend vrai l'énoncé « hier il a plu » si l'événement de pluie n'existe pas ? Face au problème des vérités passées, les présentistes peuvent recourir à différents types de stratégies. Citons-en deux[1]. Une première option est d'accepter que les énoncés qui décrivent le passé ne sont jamais vrais[2]. Néanmoins, le coût d'une telle position est suffisamment élevé pour légitimer la recherche d'explications alternatives moins radicales. L'évacuation de toute possibilité d'énoncer des vérités à propos du passé empêche par exemple de distinguer les vérités des faussetés à propos du passé, ce qui condamne clairement les disciplines scientifiques dont le discours se construit en consignant et en inférant l'existence d'événements passés ; on peut songer ici par exemple à l'histoire, à l'archéologie ou à la cosmologie.

Une seconde option[3], plus attrayante, consiste à rendre compte de la vérité des énoncés portant sur le passé en exhibant des vérifacteurs localisés dans le présent et non dans le passé. Il s'agit alors de trouver quelque chose dans le présent qui permette de nous assurer que certaines affirmations à propos du passé sont vraies, quand d'autres sont fausses. Ces entités peuvent être de différents types, par exemple des faits ou des *propriétés qui pointent vers le passé*[4]. Cette approche, parfois nommée « *approche lucrétienne* », identifie les vérifacteurs des énoncés décrivant le passé à des propriétés instanciées par le

1. Pour un recensement plus complet des différentes approches, *cf.* B. Le Bihan, « Contre les défenses du présentisme par le sens commun », *op. cit.*

2. Voir notamment J. Łukasiewicz, « On Determinism », in *Polish Logic*, S. McCall (ed.), Oxford, Oxford University Press, 1967, p. 19-39.

3. N. Markosian, « The Truth About the Past and the Future », *in* F. Corneia & A. Iacona (eds.), *Around the Tree*, Heidelberg, Springer, 2013, p. 127-141.

4. J. Bigelow, « Presentism and Properties », *Philosophical Perspectives* 10, 1996, p. 35-52.

présent, des *propriétés « tensées »*[1] telles que « être né il y a vingt-six ans de cela » ou « avoir subi un événement de pluie hier ». Ainsi, le vérifacteur de l'énoncé « hier il a plu à Berne » serait une propriété tensée de Berne aujourd'hui, la propriété d'avoir subi un événement de pluie hier. Cette approche, cependant, postule des propriétés dirigées vers le passé. Mettons en relation cette approche avec l'intentionnalité des états mentaux, telle qu'elle est pensée par Brentano, afin de forger un nouveau concept d'*intentionnalité temporelle*. Franz Brentano définit l'intentionnalité des états mentaux de la manière suivante :

> Ce qui caractérise tout phénomène psychique, c'est ce que les Scolastiques du Moyen Âge ont appelé l'inexistence intentionnelle (ou encore mentale) d'un objet, et que ce nous pourrions appeler nous-mêmes – en usant d'expressions qui n'excluent pas toute équivoque verbale – la relation à un contenu, la direction vers un objet (sans qu'il faille entendre par là une réalité) ou objectivité immanente[2].

Cependant, à la différence de l'intentionnalité des états mentaux de Brentano et ayant pour caractéristique majeure l'inexistence intentionnelle, c'est-à-dire l'idée

1. Le terme « tensé » est un néologisme calqué sur l'anglais. En effet, il n'existe pas de traduction française satisfaisante de « *tensed* », le français traduisant indifféremment « *time* » et « *tense* » par « temps ». « *Time* » est le terme neutre général. Par exemple lorsqu'en français nous affirmons que « le temps s'écoule », ou que « le temps n'a pas de début », le concept de temps convoqué correspond au terme « *time* », alors que « *tense* » réfère plus spécifiquement aux trois temps *passé*, *présent* et *futur*.

2. F. Brentano, *Psychologie du point de vue empirique*, trad. fr. M. de Gandillac révisée par J.-F. Courtine, Paris, Vrin, 2008, p. 101.

que l'objet mental intentionné peut parfois ne pas avoir pour contrepartie une entité physique, l'*intentionnalité temporelle* que je viens d'introduire ne fait pas référence au domaine mental. Cette intentionnalité temporelle est *purement physique*. Un énoncé présent, qui décrit le passé, fait référence à une partie du passé, une partie physique concrète de la réalité. De deux choses l'une, ou bien l'énoncé fait réellement référence à cette partie concrète passée de la réalité physique, ou bien il ne le fait pas. Cette dernière possibilité nécessite alors une puissante explication du caractère apparemment référentiel de tels énoncés. Pourrait-on postuler une *inexistence intentionnelle temporelle*, similaire à l'inexistence intentionnelle du physique par rapport au mental ? Lorsque l'on découvre lors de fouilles archéologiques des traces d'une ancienne civilisation, on considère que ces traces sont le signe, le résultat, d'une longue chaîne causale à travers l'histoire qui prend sa source dans une civilisation qui *a existé*. Néanmoins, le présentiste ne peut pas soutenir ici que le passé a existé sans souscrire à une certaine interprétation de cette existence passée. Il doit défendre que le passé *a* existé, ce qui implique que, relativement au présent, le passé n'existe pas *simpliciter*. La totalité de ce qui existe (du point de vue du présent) n'inclut pas l'entité à laquelle est censé faire référence le signe, que ce soit l'ancienne civilisation à laquelle renvoie la trace découverte lors de fouilles, ou l'épisode de pluie auquel renverrait le mystérieux vérifacteur présent.

LES PROBLÈMES DU NON-FUTURISME

Concluons cette section avec une présentation du *non-futurisme*, la thèse selon laquelle le passé et le présent existent contrairement au futur. Cette thèse existentielle est en fait un aspect d'une théorie plus large, la *théorie du bloc en croissance* (*the growing block theory*) défendue par Broad[1] et Tooley[2]. La réalité, telle que l'appréhende cette théorie, est un espace-temps à quatre dimensions en croissance qui expérimente un réel devenir. À chaque instant qui passe, la taille de la réalité augmente le long de la dimension temporelle au fur et à mesure que de nouveaux faits font leur entrée dans l'existence, s'agrégeant à la frontière de la réalité et du néant.

Le non-futurisme est supposé hériter des avantages du présentisme, en défendant que le futur n'existe pas, permettant ainsi de fonder aisément la contingence du futur. Et il est à même de fournir la même explication des vérités à propos du passé que l'éternaliste, en pointant vers les entités qui existent *simpliciter* dans le passé. Malheureusement, la théorie du bloc en croissance possède au moins deux caractéristiques rédhibitoires. Premièrement, elle manque de ressources pour échapper à l'argument de McTaggart. En effet, si la théorie du bloc en croissance éjecte les entités futures du mobilier de la réalité, elle conserve les entités passées et présentes et doit donc accepter une forme de coexistence *simpliciter* du passé et du présent, générant de nouvelles tensions mctaggartiennes. Certes, du point de vue de l'auteur de cet essai, au moment où il rédige ces lignes, votre lecture de l'essai n'existe pas (puisque le futur n'existe pas), et la tension n'existe donc pas non plus. Néanmoins, de votre propre point de vue, la tension est bien présente puisque

1. C. D. Broad, *Scientific Thought*, London, Routledge and Kegan Paul, 1923.

2. M. Tooley, *Time Tense and Causation*, New York, Oxford University Press, 1997.

l'écriture et la lecture de l'essai coexistent *simpliciter*. Le non-futurisme, de même que l'éternaliste, ne peut donc échapper à la tension fondamentale de la même manière qu'un présentiste et doit attribuer des propriétés A transitoires mutuellement exclusives aux événements qui constituent le monde naturel.

Deuxièmement, le non-futurisme doit faire face à une *objection sceptique*[1] : si nous vivons bel et bien dans un bloc en croissance, comment pouvons-nous *savoir* que nous sommes présents ? En effet, les individus passés étant tout aussi réels que les individus présents, il semble que les premiers entretiennent la même croyance que nous qu'ils sont présents. Socrate, localisé 2500 ans dans notre passé, possède la croyance selon laquelle il est objectivement présent. Le terme « objectivement » possède ici une certaine importance, dans la mesure où l'objection sceptique exploite un écart problématique entre *présence indexicale* et *présence objective*. En effet, pour le présentiste, la présence indexicale (qui doit être entendue comme la simultanéité avec une pensée ou une énonciation concrète) assure tout simplement la présence objective, puisque le seul instant auquel un agent peut proposer une analyse indexicale de sa localisation dans le temps, est précisément le seul et unique instant qui existe, l'instant présent. De son côté, l'éternaliste soutient que la présence objective n'est rien d'autre que la présence indexicale. Être présent, pour un éternaliste, n'est rien d'autre que le fait d'être *simultané* avec une pensée ou un énoncé. La présence objective est identique

1. *Cf.* D. Braddon-Mitchell, « How Do We Know it is Now? », *Analysis* 64, 2004, p. 199-203 ; trad. fr. dans J. Benovsky (éd.), *Philosophie du temps*, *op. cit.*, p. 305-314.

à cette présence indexicale fondée dans une relation de simultanéité. En revanche, la situation se corse singulièrement pour le partisan de la thèse non-futuriste. Dans la mesure où la présence indexicale déborde massivement la présence objective, cette dernière caractérisant les quelques élus suffisamment chanceux pour être localisés dans la dernière tranche d'Être, au bord du bloc en croissance, le non-futuriste doit non seulement affirmer qu'il existe deux concepts de présence, mais surtout qu'il existe deux *manières* d'être présent. Il est possible d'être présent indexicalement sans être présent objectivement. C'est en fait la situation de l'écrasante majorité des objets matériels, des êtres vivants et des personnes qui peuplent le bloc, qui sont localisés dans le passé et non dans le présent. L'éternalisme, en évitant les écueils du présentisme et du non-futurisme, constitue donc la meilleure théorie pour penser l'existence dans le temps.

LE PASSAGE DU TEMPS

Passages objectif et subjectif du temps

« J'enlève ma montre pour entrer dans quelques-uns des mondes à pression temporelle faible : celui où l'on fait l'amour, celui où l'on est dans l'eau, celui où l'on dort ». (Roger-Pol Droit, *Dernières nouvelles des choses*, Paris, Odile Jacob, 2003). Le passage du temps est-il universel, s'applique-t-il différemment en fonction du contexte où nous nous trouvons ainsi que le suggère cette citation, ou relève-t-il plutôt de l'illusion ? Pour répondre à cette question, il faut comprendre qu'elle est foncièrement ambiguë en ce qu'elle peut faire référence à un *passage du temps objectif* ou à un *passage du temps phénoménal*. Le temps objectif est le temps public, mesuré par les horloges, les *smartphones* et la rotation des astres, observables par tout un chacun. Le temps phénoménal est celui de notre expérience intime, dont nous faisons l'expérience en *privé*. Par extension, la notion de *passage* du temps objectif fait référence à l'existence d'un flux, indépendant de l'expérience particulière d'un sujet, alors que la notion de *passage* du temps phénoménal vise à caractériser l'expérience privée que nous en faisons tous, celle d'un temps qui s'étire lorsque nous nous ennuyons et qui semble s'accélérer lorsque nous sommes tout entiers consacrés à une tâche qui nous passionne. Dans un premier temps, nous porterons notre attention sur la possible existence d'un passage du temps objectif; je soutiendrai qu'il n'existe rien de tel. Dans un second temps, nous verrons comment concilier cette thèse avec l'existence apparente d'un passage du temps phénoménal.

LE PASSAGE OBJECTIF

La tension fondamentale dans notre conception ordinaire du temps, dévoilée par McTaggart, s'appuie sur une prémisse éternaliste implicite, mais aussi sur la thèse que pour exister, *le temps doit s'écouler*. Nous l'avons vu, l'éternalisme est une thèse qui a le vent en poupe, du fait des faiblesses des théories rivales. Il est donc naturel d'examiner s'il est possible d'éliminer la tension fondamentale lovée au cœur du concept ordinaire de temps en niant que le temps s'écoule. Or, nous allons le voir, le prix à payer de cet abandon demeure léger. Dans la littérature contemporaine, on identifie généralement la thèse de l'existence de l'écoulement du temps avec la *théorie A* selon laquelle les choses instancient successivement des propriétés A transitoires mutuellement exclusives telles que : être passé de deux jours, être présent, ou être futur de trois ans, par exemple. Le présent, entraînant avec lui le passé et l'avenir, est supposé transiter le long de la dimension temporelle. Cependant, si le temps passe, dans quoi passe-t-il ? Et à quelle vitesse passe-t-il ? Le temps peut-il se déplacer avec une certaine vitesse ou accélérer de la même manière qu'un passant dans la rue ? On pressent déjà les difficultés conceptuelles cachées derrière la notion.

Affirmer que le temps passe revient à soutenir que le présent possède différentes localisations temporelles à différents instants. À t_1, le « curseur » du présent est fixé sur t_1, et à t_2, sur t_2. Le présent se déplacerait alors à une certaine vitesse *v* exprimée en *secondes par secondes*, puisqu'on ne mesure pas l'évolution d'une *distance* dans le temps, mais l'évolution du *présent* dans le temps. Or, une rapide *analyse dimensionnelle* de *v* nous montre que l'on divise du temps par du temps, aboutissant à une variable *v* sans dimension physique. On peut alors songer à plusieurs objections à l'encontre de l'affirmation selon laquelle le temps s'écoule avec une vitesse *v*. Premièrement, *v* n'est pas une vitesse car *v* ne s'exprime pas comme un rapport mathématique entre une distance et une durée. Deuxièmement, *v* n'est pas mesurable car tout dispositif de mesure consiste dans la comparaison de deux quantités physiques, or ici on ne voit pas bien ce que l'on pourrait comparer pour évaluer la vitesse d'écoulement du temps. Troisièmement, et en conséquence du deuxième argument, l'impossibilité de mesurer cette vitesse potentielle implique qu'on peut lui attribuer n'importe quelle valeur, par exemple 0,5 ou plus vraisemblablement 42 : cet ajustement n'entraînera aucune modification de notre représentation de la réalité, suggérant que ce rapport mathématique ne correspond à rien de réel dans le monde naturel[1]. S'il existe plusieurs échappatoires à ces arguments, par exemple en avalant la couleuvre d'une vitesse d'écoulement du temps impossible à mesurer, en postulant l'existence d'un *hyper-temps* qui permette de mesurer l'évolution du temps de premier ordre, ou encore en développant une théorie A

1. Voir aussi S. Prosser, « The Passage of Time », *in* H. Dyke, A. Bardon (eds.), *A Companion to the Philosophy of Time*, Chichester, Wiley-Blackwell, 2013, p. 315-327.

sans écoulement du temps (par exemple en souscrivant à une ontologie de faits tensés immuables[1]) toutes ces stratégies impliquent de complexifier grandement notre vision du monde, sapant ainsi la motivation même à la défense d'une théorie A : à savoir son intuitivité apparente[2].

Toutes ces raisons expliquent la victoire globale de la thèse selon laquelle il n'existe rien de tel qu'un écoulement objectif du temps, à savoir de la *théorie B*, en référence aux séries B de McTaggart. D'après cette approche, le monde naturel est tissé non seulement de relations spatiales, mais aussi de relations temporelles. Le changement n'est alors que la variation dans l'instanciation de propriétés le long de la dimension temporelle – constituée de relations d'ordre entre les entités naturelles – et rien d'autre. En fait, il semble même qu'il faille envisager l'espace et le temps comme étant des abstractions à partir d'une entité plus fondamentale : l'*espace-temps*. En effet, une seconde raison de rejeter l'existence d'un écoulement du présent émane de la *théorie de la relativité restreinte*. Celle-ci se déploie à partir de deux postulats simples : la *vitesse constante de la lumière dans le vide* et l'*identité des lois de la nature dans les différents référentiels*

1. *Cf.* K. Fine, « Tense and Reality », *Modality and Tense : Philosophical Papers*, Oxford, Oxford University Press, 2005. Par manque d'espace, nous n'examinerons pas les options quelque peu baroques (l'une d'entre elles consistant à éclater la réalité en fragments d'Être entendus comme des collections de faits tensés) proposées par K. Fine. Ces approches s'éloignent fortement de la théorie A classique, et il n'est pas évident qu'elles soient compatibles avec la relativité générale.

2. *Cf.* par exemple J. J. C. Smart, *Philosophy and Scientific Realism*, London, Routledge and Kegan Paul, 1963, p. 131-148 ; trad. fr. dans J. Benovsky (éd.), *Philosophie du temps*, *op. cit.*, p. 239-265.

inertiels d'observations, des points de référence dans l'espace et dans le temps à partir desquels on attribue des coordonnées spatiales et temporelle aux systèmes physiques. La conjonction de ces deux principes mène à d'étranges conséquences. Premièrement, le *temps se dilate* en fonction du mouvement du référentiel et, deuxièmement, tout objet matériel voit son *étendue spatiale*, dans la direction du mouvement de l'objet, se contracter[1]. Et, il est important de noter, ces phénomènes ne résultent pas d'un mouvement absolu du référentiel ou de l'objet, mais du mouvement relatif entre les deux.

Ces effets relativistes ne sont *pas* des effets théoriques inobservables, possiblement réfutables à l'avenir. Ce sont des faits empiriques, directement observés. Les effets relativistes sont enregistrés en permanence, notamment par les horloges des satellites artificiels en orbite autour de la Terre. Les durées mesurées par ces satellites dévient constamment, et légèrement, des durées que nous mesurons à la surface du globe[2]. La relativité nous permet de comprendre et de prédire ces déviations temporelles et de les corriger à l'aide de calculs mathématiques, en particulier lorsque nous transmettons les flux de données entre la Terre et les différents satellites. L'efficacité des

1. Pour une introduction philosophique à la relativité, *cf.* T. Maudlin, *Philosophy of Physics : Space and Time*, Princeton, Princeton University Press, 2012.

2. En fait, ces déviations temporelles ne dérivent pas d'effets décrits par la relativité restreinte mais d'effets décrits par la théorie de la *relativité générale*, une généralisation de la relativité restreinte qui permet de décrire la gravité. Pour une expérience permettant d'observer les effets spécifiques à la relativité restreinte, voir l'expérience de Hafele-Keating réalisée en 1971 : J. C. Hafele et R. E. Keating, « Around-the-World Atomic Clocks : Predicted Relativistic Time Gains », *Science* 177, 1972, p. 166-170.

opérations mathématiques effectuées afin de compenser les déviations temporelles relativistes influe directement sur la précision des systèmes de géolocalisation par satellite (*Global Positioning System* ou *GPS*) et la fluidité des échanges téléphoniques, qui font intervenir des transmissions par satellite. Les effets relativistes ne relèvent donc pas de l'hypothèse. Ce sont des faits scientifiques établis. Et bien que cette réalisation peine à pénétrer le sens commun, ce qui s'explique aisément dans la mesure où seuls les scientifiques et les ingénieurs y sont confrontés quotidiennement, toute enquête philosophique à propos du temps doit en prendre la mesure.

Quelles sont les conséquences philosophiques de la relativité du temps ? Commençons par dissiper une idée qui vient naturellement à l'esprit : la relativité ne nous dit pas que la vitesse de l'écoulement du temps dépend de la localisation dans l'espace-temps, suggérant que le temps s'écoule avec différentes vitesses, accélérant et ralentissant en fonction de l'environnement. Localement, et qu'importe votre localisation dans l'espace, et même si vous voyagez avec une vitesse proche de celle de la lumière, vous pourrez observer votre montre battre la mesure tranquillement, sans effet particulier. En fait, il faut plutôt comprendre la dilatation du temps comme une *désynchronisation* entre les lignes d'univers, c'est-à-dire les trajectoires dans l'espace et le temps, suivies par les systèmes physiques. Chaque entité suit non seulement un chemin dans l'espace, mais aussi un chemin dans le temps. Or, ces chemins spatio-temporels ont des formes différentes, ce qui fait que lorsque ces derniers s'entrecroisent, les objets qui les ont arpentés n'ont pas le même âge. Toutefois, *au sein* de chaque ligne d'univers, le temps ou, plus précisément, les changements matériels utilisés pour enregistrer ou représenter le temps, se comportent normalement. Par conséquent, la relativité restreinte signe la découverte de l'inexistence d'une propriété usuellement attribuée au temps, à savoir l'*universalité*, entendue comme la synchronisation universelle des lignes d'univers, et permettant d'associer de manière unique les instants composant les lignes d'univers en des surfaces d'espace-temps présentes. Le rejet de l'universalité implique donc de rejeter toute thèse philosophique qui nécessite de reconnaître l'existence d'un présent absolu. C'est le cas de la théorie A qui postule l'existence d'un écoulement universel de ce présent, mais aussi des thèses *présentiste* et *non-futuriste* rencontrées dans la section précédente, puisqu'elles nécessitent toutes deux de postuler l'existence d'un présent objectif.

Notons qu'il est logiquement possible de remplacer la théorie de la relativité restreinte par une autre théorie physique empirique équivalente : la *théorie néo-lorentzienne*, en référence à Hendrik Lorentz. D'après cette approche, bien qu'il soit impossible de détecter empiriquement la tranche d'espace-temps correspondant au présent, celle-ci est bel et bien réelle. Cependant, cette approche possède de nombreux problèmes, et *son équivalence empirique avec la relativité restreinte ne l'accrédite aucunement d'une valeur scientifique égale.* En effet, l'un des problèmes les plus épineux pour l'approche néo-lorentzienne est que la relativité restreinte est naturellement généralisable en une théorie décrivant la gravité : la théorie de la relativité générale. L'approche néo-lorentzienne n'a jamais été généralisée pour décrire la gravité, et il est raisonnable d'être sceptique à l'égard de la possibilité de réaliser une telle tâche[1].

Le passage subjectif

Admettons qu'il n'existe rien de tel qu'un écoulement objectif du temps. Notre expérience quotidienne nous met pourtant en prise directe, semble-t-il, avec l'écoulement du temps : il s'agit, *prima facie*, d'une donnée intime de notre vie mentale, que nous éprouvons à chaque instant. En tenant pour acquis qu'il n'existe rien de tel qu'un passage du temps objectif, pouvons-nous encore rendre compte des données immédiates de notre expérience phénoménologique qui nous offre, semble-t-il, le spectacle d'un monde où le temps passe ? Face à cette question, deux stratégies s'offrent à nous. La première stratégie consiste à nier que nous faisons l'expérience d'un passage du temps, en soutenant qu'il s'agit plutôt d'une *construction linguistique* découlant de la manière dont nous *décrivons* le monde. En somme, non seulement il n'existerait pas de passage objectif du temps, mais il n'existerait pas non plus de passage phénoménal du temps. La seconde stratégie, plus populaire, consiste à reconnaître que nous expérimentons un passage du temps phénoménal, tout en défendant que cette expérience relève de l'*illusion perceptive* : le passage phénoménal ne cible aucunement un passage objectif du temps[2].

1. *Cf.* S. Baron, « Time, Physics, and Philosophy : It's All Relative », *Philosophy Compass* 13, 2018.

2. *Cf.* B. Le Bihan, « Le temps », dans M. Kristanek (dir.), l'*Encyclopédie philosophique*, http://encyclo-philo.fr/temps-a/, section 2.c.

La préférence pour l'une des deux stratégies variera énormément d'un lecteur à l'autre, notamment en fonction du poids que celui-ci attribuera aux approches phénoménologiques qui reconnaissent la valeur de notre expérience comme une source relativement fiable de connaissances philosophiques. En effet, le lecteur enclin à rejeter l'idée selon laquelle l'expérience perceptive est transparente – en ce sens qu'elle nous permettrait d'accéder à des faits ontologiques – sera intéressé par les détails d'une démonstration de la compatibilité d'un *passage du temps phénoménologique* avec l'*inexistence* d'un *passage du temps objectif*. Au contraire, le lecteur qui accepte le caractère véridique de l'expérience phénoménologique, en jugeant celle-ci transparente au sens ci-dessus, doit nier l'existence d'un passage du temps phénoménal qui correspondrait, au moins en partie, à un écoulement objectif du temps. Mon but étant de convaincre l'ensemble des lecteurs, qu'ils acceptent ou non le caractère transparent de nos expériences, qu'il n'y a pas de tension entre notre expérience et l'inexistence d'un passage objectif du temps, je vais soutenir à présent que nous *n'expérimentons pas* un écoulement phénoménal du temps.

En effet, notre expérience possède un caractère dynamique, en nous présentant du *changement*, et non le passage du temps. Par exemple, lors d'une soirée d'été, lorsque nous assistons à la propagation progressive de la rougeur du charbon se consumant dans notre barbecue, ce sont bien des changements que nous percevons, et non un « objet » phénoménal que serait le passage du temps. Or, l'existence de ces *changements phénoménaux* n'implique pas l'*existence d'un passage du temps phénoménal*, de la même manière que l'*existence de changements physiques* n'implique pas l'*existence d'un passage du temps objectif* (*cf.* section 2) : l'appréhension du changement comme une variation de propriétés le long de la dimension temporelle suffit à rendre compte des changements – objectifs ou phénoménaux – et ne requiert aucunement de souscrire à l'existence d'un passage du temps. De plus, pour pouvoir soutenir que nous expérimentons un passage du temps, il faudrait pouvoir décrire les *conditions d'application du concept* de *passage* du temps phénoménal, indépendamment de celles du concept de *changement* phénoménal. À quoi pourrait ressembler une telle expérience d'un monde changeant, mais sans passage du temps ? En somme, ce que nous expérimentons dans la sphère privée et que nous décrivons parfois erronément comme un temps s'écoulant plus ou moins vite, ce sont des *sensations de durées subjectives que nous comparons aux durées objective*s que nous observons dans les corps en mouvement autour de nous, les astres ou les indications temporelles de nos ordinateurs.

Ainsi, si dans la section précédente nous avons déterminé que la meilleure théorie de l'existence dans le temps est l'éternalisme, cette section nous a permis d'apprécier les vertus de la thèse selon laquelle le temps ne s'écoule pas. Il s'ensuit que la meilleure théorie du temps, à la fois pour dissiper la tension fondamentale de McTaggart, et pour d'autres raisons empiriques et philosophiques, est la théorie B éternaliste, dite *théorie de l'univers-bloc*.

L'ORIENTATION... DU TEMPS ?

ORIENTATION ET ORDRE

D'où vient que le temps se déploie de l'avant vers l'après ? Il est important de commencer par établir une distinction entre l'*ordre* et l'*orientation*. Le temps est *ordonné* de manière semblable à l'espace. Songez à l'espace de votre habitation : chaque meuble occupe une certaine position par rapport aux murs et au plafond, mais également une certaine position par rapport à chaque autre meuble. Les quatre chaises de votre salle à manger sont rangées sous la table. Cette dernière est entre la bibliothèque et votre table basse. Il en va de même pour le temps : votre repas du midi est situé entre votre petit-déjeuner du matin et votre souper du soir, vos vingt ans se produisent entre votre naissance et vos quarante ans et, plus généralement, les événements sont rangés les uns entre les autres par des relations d'ordre. Les choses prennent ainsi place dans le temps et dans l'espace, selon un certain ordre. Néanmoins, le temps est supposé exemplifier un autre attribut, distinct de l'ordre : l'*orientation*. En effet, l'ordre temporel possède une *direction particulière*. Il n'aura pas échappé au lecteur que non seulement son repas du midi se produit toujours *entre* son petit-déjeuner et son souper mais qu'en plus de cela son repas du midi a systématiquement lieu *après* son petit-déjeuner et *avant* l'instant du souper. Les événements auraient tout aussi bien pu s'enchaîner dans l'autre direction (sans générer de contradiction logique) en respectant l'ordre successif inverse. Toutefois, nous n'assistons jamais à ce genre d'inversions.

Revenons au temps. De la même manière que le courant électrique possède une orientation et qu'il est possible de choisir la convention que l'on souhaite, de même le temps possède une orientation et nous pouvons attribuer un sens positif ou négatif, par convention. En somme, au sein de toute structure ne possédant qu'une dimension, et donc deux directions, si l'une des directions est spéciale, l'autre direction l'est également. Ce qui compte donc avec le temps, n'est pas de savoir laquelle des deux directions est privilégiée. L'enjeu est plutôt de saisir la source de cette orientation, et de comprendre la nature de l'asymétrie entre les deux directions particulières. La marche en avant commune à toutes les entités, des objets macroscopiques comme les tables ou les personnes, des corps célestes ou des électrons, est-elle *intrinsèque aux processus physiques* ? Ou, au contraire, est-elle *imposée de l'extérieur par la dimension temporelle* elle-même ?

ORIENTATION ET PASSAGE

McTaggart se révèle une fois de plus être un précieux allié pour aborder ces questions en nous fournissant des distinctions conceptuelles utiles à l'élaboration de diverses hypothèses. D'après celui-ci, l'orientation du temps doit être le résultat de la transition des propriétés dynamiques A telles que, rappelons-le, la propriété d'être présent, ou d'être passé de deux jours, dans la dimension temporelle. De manière plus imagée, selon McTaggart, l'*orientation du temps* est nécessairement le résultat indirect du *passage du temps*. Sans passage dans l'une des deux directions, il n'y aurait pas d'orientation. Et le passage aurait pu se produire dans l'autre direction de la dimension, inversant l'orientation du temps. Les relations C – les relations d'ordre qui ne sont pas orientées – héritent leur orientation et deviennent des relations B – des relations d'ordre qui sont orientées – du fait de la transition des propriétés dynamiques le long des relations C. Selon cette approche, l'*orientation du temps* est une conséquence particulière de l'*écoulement du temps*. De même que tout mouvement suit une certaine direction, l'écoulement du temps doit être envisagé comme un mouvement du présent lui-même qui va dans une certaine direction et non dans l'autre. Tout du moins, il en irait ainsi si le temps existait bel et bien. Son analyse porte sur la notion de temps telle que nous l'utilisons quotidiennement et qui, selon lui, mène à une contradiction, démontrant que le temps n'existe pas. Ainsi, le monde de McTaggart est un monde sans écoulement du temps, mais aussi sans orientation temporelle, l'écoulement étant la condition de possibilité de l'existence d'une orientation. On comprend mieux pourquoi, en jugeant que ce monde est le nôtre, McTaggart en a conclu à l'inexistence du temps : une dimension dépouillée des deux attributs essentiels que sont l'écoulement et l'orientation peut-elle encore se prévaloir du titre de dimension « temporelle » ?

Toutefois, nous avons conclu dans la section précédente que la théorie du devenir doit être abandonnée. Quelles options nous reste-t-il alors pour appréhender l'orientation du temps ? Si l'on rejette la notion de propriétés dynamiques A, le temps ne s'écoule pas et il est impossible de faire référence à la notion d'écoulement pour rendre compte de la notion d'orientation. Selon l'approche de McTaggart, s'il n'existe pas de propriétés dynamiques A, alors il n'existe pas non plus de relations temporelles B puisque les secondes sont enfantées par les premières. On aboutit alors à une ontologie de relations C, dénuées d'une orientation propre : une dimension « temporelle » sans écoulement et sans orientation qui ne conserve que très peu de ressemblance avec ce à quoi nous référons comme étant le temps dans le sens commun. Néanmoins, rien ne nous force à adopter le schéma ontologique du temps de McTaggart, nous obligeant à rejeter l'orientation en même temps que l'écoulement. Au lieu de l'équation façon McTaggart :

relations C + propriétés A = relations B [théorie A],

que l'on peut reformuler plus intuitivement comme « dimension + écoulement = orientation », il faut lui préférer une notion de relations B orientées de façon primitive :

~~relations C + propriétés A =~~ relations B [théorie B].

Cette approche permet d'éviter de faire référence à des relations symétriques C ou à des propriétés A dynamiques. Selon cette approche, les relations qui constituent la relation temporelle ne sont pas de même nature que les relations qui tissent les relations spatiales. Certes, les deux structures sont relationnelles. Néanmoins, l'une des structures – le temps – possède une orientation intrinsèque. S'il en va ainsi, alors il n'existe pas de relations C, sortes d'équivalents temporels des relations spatiales. En fait, les équivalents des relations spatiales sont les relations temporelles B, briques de base de la dimension temporelle, qui ne peuvent pas être décomposées à l'analyse en quelque chose d'autre ; ou, pour l'exprimer autrement, il est impossible de casser la dimension temporelle en deux types ou deux morceaux, à savoir des relations d'ordre d'une part, et une orientation distincte d'autre part. Ainsi, toute relation d'antériorité, par exemple *a*A*b* (« *a* est antérieur à *b* ») est elle-même la source de l'orientation et implique *per se* qu'il est faux que *b*A*a*. On peut ainsi souscrire à une théorie B en fondant l'orientation du temps, de manière primitive, dans les relations qui constituent la dimension temporelle[1].

L'ORIENTATION DU TEMPS OU DANS LE TEMPS

Confronté à cette théorie B, il demeure néanmoins possible de développer une théorie C, de la même famille que la théorie B, et qui, se déployant conformément au schéma de McTaggart, postule uniquement des relations C, en prenant acte de l'inexistence des propriétés dynamiques A (associées à l'écoulement) d'une part, et des relations B (de l'orientation) d'autre part :

relations C ~~+ propriétés A = relations B~~. [théorie C]

À la différence des théories A et B, la théorie C rejette l'orientation intrinsèque de la dimension temporelle (due

1. D'après une certaine variante de la théorie B, l'existence de ces relations intrinsèquement orientées suffit à l'existence d'un caractère dynamique de la réalité, enraciné dans cette orientation. Voir L. Oaklander, « Temporal Realism and the R-Theory », *in* J. Cumpa, G. Jesson & G. Bonino (eds.), *Defending Realism : Ontological and Epistemological Investigations*, New York, De Gruyter, p. 123-140, 2014.

à l'écoulement du temps pour la théorie A, intrinsèque aux relations qui constituent cette dimension pour la théorie B). D'après la théorie C, il n'existe ni écoulement, ni direction du temps. Toutefois, en niant ces deux attributs centraux à notre conception usuelle du temps, on ne doit pas nécessairement en inférer qu'il n'existe pas une dimension que nous associons ordinairement au temps. Il existe bel et bien une quatrième dimension qui ne contient ni écoulement ni orientation. Toutefois, cette thèse est tout à fait compatible avec l'idée qu'il existe de l'orientation, mais une orientation qui n'est pas le propre de la dimension temporelle. L'idée, en somme, est que les relations « temporelles » ne sont pas orientées, et sont uniquement porteuses d'ordre entre les événements. Cette théorie C assume donc une spatialisation radicale du temps, en extrayant les attributs qui le distinguent ordinairement des dimensions spatiales. Selon cette théorie, l'orientation temporelle (apparente) émerge alors du fait de l'existence de *relations causales* entre les événements, des relations causales qui octroient une orientation à l'ordre des événements, transformant cet ordre en une suite successive. En somme, d'après la théorie C, l'orientation apparente du temps n'est pas l'orientation de la dimension temporelle elle-même, ou du passage du temps, mais l'orientation de la *causalité* ou des *lois de la nature*.

La question de savoir si l'orientation est lovée au cœur de la dimension temporelle, ou dans des processus causaux ou nomologiques n'est-elle pas qu'une question purement verbale, abstraite au possible ? S'il semble en effet délicat de départager ces deux approches, notons toutefois qu'elles posent des contraintes sur les analyses possibles de la *causalité*. Distinguons les approches expliquant l'orientation du temps à l'aide de l'orientation de la causalité, les *théories causales de l'orientation du temps*, des approches qui expliquent l'orientation de la causalité à l'aide de l'orientation du temps, les *théories temporelles de la causalité*[1]. Les théories causales de l'orientation du temps sont des théories C puisqu'elles construisent l'orientation du temps à l'aide de relations causales. Les théories temporelles de la causalité doivent employer une théorie A ou B puisqu'elles doivent mobiliser des relations temporelles comme ingrédients de la causalité. Si l'on voulait combiner théorie temporelle de la causalité, et théorie C, on produirait une circularité vicieuse : les relations causales seraient définies à l'aide de relations temporelles (conformément à la théorie temporelle de la causalité), et les relations temporelles à l'aide de relations causales (en accord avec la théorie C). La théorie C est donc incompatible avec toute théorie qui définit la causalité à l'aide de relations temporelles.

En conclusion, les théories B et C diffèrent de manière hautement abstraite, en localisant l'orientation des phénomènes ou bien dans la *dimension temporelle* elle-même, ou bien dans les *processus causaux* qui se produisent en elle. Il semble indéniable que la réalité exhibe certaines asymétries, soit une orientation globale au cœur de la dimension temporelle. Quant à savoir si la source de cette orientation se trouve dans les relations temporelles elles-mêmes, ou dans d'autres entités qui prennent place au sein de cette dimension, il est difficile de trancher. Toutefois, si des phénomènes

1. Voir S. Bourgeois-Gironde, *Temps et causalité*, Paris, P.U.F., 2002.

causaux constituent la source de l'orientation apparente du temps, il devient alors impossible d'expliquer la causalité en termes de relations temporelles, comme dans de nombreuses analyses classiques de la causalité, suggérant que la manière la plus simple d'appréhender le temps (ou l'espace-temps) et la causalité pourrait bien être d'appréhender l'orientation comme un aspect primitif du temps (ou de l'espace-temps).

SUBSTANTIALISME *VERSUS* RELATIONNISME

LE RAPPORT DE L'ESPACE ET DU TEMPS AVEC LES CHOSES

Une autre question continue à faire couler beaucoup d'encre, notamment chez les philosophes de la physique, à propos de la nature de l'espace et du temps. L'espace et le temps sont-ils des *substances*, sortes de contenants absolus, à l'existence propre et indépendante de ce qui se produit en eux ? Ou, au contraire, les termes « espace » et « temps » ne désignent-ils, de façon abstraite, que des *relations d'ordre* qui existent entre les entités qui constituent notre univers ? Imaginons que lors d'un déménagement, après avoir enlevé l'ensemble du mobilier, pris d'une frénésie toute philosophique, et à l'aide d'un *aspirateur ontologique* trouvé à la brocante du coin, vous enleviez également l'air ainsi que l'ensemble des particules physiques et des autres entités physiques (champs, énergie du vide et autres entités physiques se classant difficilement comme des particules) présentes dans votre appartement. En soustrayant les relations d'ordre spatiales de votre appartement, avez-vous également aspiré d'un même mouvement l'*espace* qui y était présent ? Si le relationniste soutient que c'est bien le cas, le substantialiste pense au contraire que l'espace présent à l'intérieur de votre logement s'y trouve encore. Qu'en est-il du temps ? Imaginez que vous actionnez votre aspirateur ontologique et que vous le laissiez tourner pendant une *période de temps*, disons, une semaine. Le contenu matériel de votre appartement est alors éliminé non seulement *dans l'espace*, mais aussi *à travers le temps* lors de cet intervalle. Ceci implique que vous venez d'éliminer non seulement les relations d'ordre *spatiales* existant entre les entités physiques présentes dans la pièce, mais aussi les relations d'ordre *temporelles*, puisque vous venez d'aspirer l'ensemble des *relata* de ces relations, c'est-à-dire des entités qui fondent l'existence même de ces relations d'ordre. On voit ainsi que la question se pose en des termes semblables pour l'espace et pour le temps : en éliminant le contenu matériel, et par là les *relations d'ordre spatiales et temporelles*, de votre logement, aurez-vous également fait disparaître l'*espace* et le *temps* de l'intérieur de votre appartement ? J'utiliserai l'expression « espace-temps » dans la suite pour faire référence à la conjonction de l'espace et du temps lorsque les deux dimensions font l'objet d'un questionnement identique, ou rencontrent les mêmes problèmes[1].

Commençons par isoler quatre points cruciaux de divergence entre les deux approches : 1) *la nature catégorielle de l'espace-temps* (relevant de la *substance* ou de la *collection de relations)*, 2) la *relation modale existant entre l'espace-temps d'une part, et la matière et*

1. La question de savoir s'il pourrait exister du temps en l'absence de changement possède une structure similaire à ce problème. *Cf.* S. Shoemaker, « Time Without Change », *Journal of Philosophy* 66, 1969, p. 353-381 ; trad. fr. dans J. Benovsky (éd.), *Philosophie du temps*, *op. cit.* p. 131-159. Voir également les deux essais qui suivent par R. Le Poidevin et J. Benovsky.

les objets d'autre part, 3) le *pouvoir de l'espace-temps de se manifester à nous physiquement* et 4) *l'existence d'une relation fondamentale d'occupation venant connecter la matière à l'espace-temps*. La question de savoir si l'espace-temps doit être appréhendé comme une substance n'est pas une affaire triviale dans la mesure où la notion de substance n'a cessé de se déployer, dans le cours de l'histoire, dans diverses directions et où il n'en n'existe aucune caractérisation unique non ambiguë[1]. Cependant, sans entrer dans ces discussions sur la nature des substances, il est important de saisir que l'assimilation de l'espace-temps à une (ou deux) substance(s) repose sur deux attributs généralement, sinon universellement, attribués aux substances et qui correspondent aux critères distinctifs (2) et (3) : l'*indépendance ontologique* et le fait d'être une *source de causalité* ou de *dépendance*. Derrière l'idée de substance, on trouve ainsi dissimulé, premièrement, une thèse modale : l'espace et le temps sont des substances en ce qu'ils jouissent d'une certaine autonomie modale à l'égard du contenu matériel de la réalité. À cet égard, si la thèse substantialiste est vraie, alors l'espace-temps pourrait survivre à un aspirateur ontologique suffisamment puissant pour vider la totalité de l'univers de son contenu matériel. Et, deuxièmement, cet espace-temps *influence*, d'une manière ou d'une autre (causale, ou à travers une influence non causale relevant d'une autre catégorie), ce qui se passe en son sein. Enfin, les deux approches substantialiste et relationniste sont en désaccord à propos de l'existence ou non d'une relation d'occupation venant connecter la matière à

1. H. Robinson, « Substance », dans *The Stanford Encyclopedia of Philosophy* (Spring 2014 Edition), Edward N. Zalta (ed.), URL : https://plato.stanford.edu/archives/spr2014/entries/substance/.

l'espace-temps : la matière *occupe-t*-elle l'espace-temps, suggérant une *égale fondamentalité* de l'espace-temps et de la matière[1] ou, au contraire, les objets matériels composent-ils l'espace-temps, dont l'existence *dérive* indirectement de celle des objets matériels et de l'ordre dans lequel ils sont rangés[2] ?

Leibniz, Newton et Clarke

Leibniz d'un côté, et Newton et son disciple Clarke de l'autre, s'affrontèrent en particulier sur le fait de savoir si l'espace exerce une *influence détectable empiriquement*[3]. L'*absolutisme* de Newton est la thèse selon laquelle l'espace et le temps sont des substances car ils agissent sur le contenu matériel de l'univers. Ces effets de l'espace-temps « absolu » se manifestent à nous lorsque se produisent des mouvements relevant d'un type

1. Il est aussi possible de souscrire à une forme de substantialisme plus radical qui appréhende la matière comme des propriétés de l'espace-temps. *Cf.* J. Schaffer, « Spacetime the One Substance », *Philosophical Studies* 145, 2009, p. 131-148 ; D. Lehmkuhl, « The Metaphysics of Super-Substantivalism », *Noûs* 52, 2018, p. 24-46.

2. On trouve également des positions intermédiaires comme le *relationnisme modal* qui rejette l'assimilation de l'espace et du temps à des substances, mais reconnaît un caractère intrinsèquement modal aux relations qui composent l'espace et le temps, ou le *super-relationnisme*, une forme de relationnisme qui rejette le caractère dérivé des relations en leur reconnaissant une égale fondamentalité avec les *relata* des relations. Voir respectivement C. Brighouse, « Incongruent Counterparts and Modal Relationism », *International Studies in the Philosophy of Science*, 1999, p. 53-68 ; B. Le Bihan, « Super-Relationism : Combining Eliminativism about Objects and Relationism about Spacetime », *Philosophical Studies* 173, 2016, p. 2151-2172.

3. *Cf.* l'échange entre Leibniz et Clarke dans A. Robinet, *Correspondance Leibniz-Clarke présentée d'après les manuscrits originaux des bibliothèques de Hanovre et de Londres*, Paris, P.U.F., 2e éd., 1991.

spécifique : les *mouvements accélérés*. Comme nous allons le voir, les accélérations génèrent des forces subies par l'ensemble des objets matériels qui témoignent, selon Newton, de l'existence d'un espace-temps absolu. D'après le relationnisme de Leibniz, au contraire, l'espace et le temps ne sont pas des substances. Ce relationnisme nie l'existence de l'espace-temps substantiel et, par conséquent, la position est parfois nommée « idéalisme » ou « réductionnisme », lorsqu'on se focalise moins sur la nature relationnelle de l'espace-temps que sur l'inexistence d'un espace-temps substantiel distinct des relations matérielles.

Chaque camp peut faire appel à un argument fort. Le substantialiste fait appel à l'*argument du seau* pour établir le caractère absolu, c'est-à-dire non réductible à des relations matérielles entre les objets, de l'espace-temps. Leibniz avance pour sa part l'*argument du décalage*, en relation avec deux principes importants essentiels de sa philosophie. Examinons tour à tour ces deux arguments.

L'argument du seau vise à asseoir l'existence de manifestations empiriques d'un espace-temps absolu, non-réductible à des relations d'ordre entre les objets matériels. D'après Newton, les *mouvements accélérés*, au contraire des mouvements non accélérés, nous fournissent la preuve de l'existence d'un tel espace-temps absolu. L'argument du seau exploite un type particulier de mouvement accéléré : la *rotation*. En effet, une accélération n'induit pas nécessairement une variation de la *valeur* de la vitesse, il peut aussi s'agir d'une variation de la *direction* de la vitesse. Une rotation de vitesse angulaire constante est ainsi une accélération à valeur nulle, mais dont la direction change constamment. Newton nous invite à imaginer un seau empli d'eau, suspendu à une corde, et que l'on fait tourner en torsadant la corde, avant de la relâcher. Le seau commence à tourner du fait de la torsion de la corde, entraînant progressivement la rotation de l'eau présente à l'intérieur du seau. Au bout d'un certain temps, la rotation de l'eau se calque sur la rotation du seau, si bien que le seau et l'eau tournent à la même vitesse angulaire. Par rapport à un observateur externe, le seau et l'eau sont en rotation, mais l'eau est immobile à l'intérieur du seau par rapport au seau. Or, on observe une force centrifuge, associée à l'accélération de l'eau : le niveau de l'eau s'élève près des bords du seau. Cette expérience établit, *prima facie* – tout du moins, c'est que ce que prétend le substantialiste – l'existence d'un espace absolu : en effet, l'eau, une fois qu'elle s'est creusée, ne bouge pas par rapport au seau qui l'entoure.

Toutefois, l'argument ne convainc pas nécessairement en ce qu'il fait implicitement l'hypothèse contestable de l'indépendance du système mécanique considéré (le seau et son contenu) à l'égard des autres systèmes physiques qui composent le monde, notamment l'ensemble des autres galaxies, ainsi que le signalera Ernest Mach[1]. Pour que l'argument fonctionne, il faut en effet accepter que l'ensemble des corps massifs très éloignés dans l'espace, et la force gravitationnelle qu'ils génèrent, n'ont aucun impact sur notre seau en mouvement et il est donc nécessaire de souscrire à l'hypothèse, contestable et contestée, selon laquelle seules les *relations locales* de l'eau avec le seau importent pour rendre compte des phénomènes physiques que l'on observe. Or, les

1. Cf. E. Mach, *La mécanique. Exposé historique et critique de son développement*, trad. fr. E. Picard, Paris, A. Hermann, 1904 ; rééd. Paris, J. Gabay, 1987.

manifestations des mouvements accélérés pourraient tout à fait résulter de la *distribution globale de la matière dans l'espace-temps*, et donc de l'existence de relations d'ordre entre des entités enjambant de larges distances. L'apparition de forces en présence de mouvements accélérés ne témoigne donc pas *nécessairement* de l'existence d'un espace-temps absolu et le relationnisme est en droit d'exprimer son scepticisme à propos de cet argument. Toutefois, la relativité générale viendra, nous allons le voir, apporter un témoignage décisif en montrant que la distribution de la matière *conditionne partiellement* – mais ne *fixe pas entièrement* – la géométrie de l'espace-temps.

À l'opposé, en faveur du relationnisme, on trouve l'argument du décalage. Que se passerait-il si l'on déplaçait l'ensemble de la matière de l'univers de vingt mètres vers la droite ? A priori, il n'y aurait aucun moyen de faire l'expérience d'un tel déplacement. Après un tel déplacement, la distribution relative de la matière dans la totalité de l'univers n'aura pas changé et il est donc impossible d'enregistrer la moindre altération de notre environnement. Et l'on peut faire la même remarque à propos du temps : que se passerait-il si l'on déplaçait la totalité du contenu de l'univers une heure dans le futur ? A priori, un tel décalage temporel serait tout aussi inobservable qu'un décalage spatial. L'intuition fondamentale, derrière l'argument du décalage, est que puisque des scénarios basés sur de tels changements n'entraîneraient aucune modification perceptible de notre environnement, ces derniers ne décrivent pas des mondes possibles numériquement distincts les uns des autres.

La thèse selon laquelle de l'absence d'une différence observable on doit inférer l'absence d'une différence réelle entre les deux scénarios convaincra aisément le lecteur à l'esprit pragmatique, mais certainement pas le lecteur à la tournure d'esprit plus métaphysique qui exigera une explication de cette inférence selon laquelle si deux scénarios sont indiscernables, alors ils sont identiques. Leibniz propose deux justifications pour cette inférence, basées respectivement sur le *principe de l'identité des indiscernables* et sur le *principe de raison suffisante*. Comme son nom l'indique, le principe de l'identité des indiscernables énonce que deux entités qui possèdent les mêmes propriétés, c'est-à-dire qui sont *qualitativement identiques*, sont *numériquement identiques*. Ce principe pourrait être accepté comme un principe brut et primitif, mais notons que Leibniz lui-même le justifie en faisant appel un autre principe : le principe de raison suffisante. Il énonce que toute chose a une raison d'exister, et vient justifier le principe d'identité des indiscernables dans la mesure où des entités indiscernables mais non identiques n'auraient aucune raison d'être. Les deux principes sont, au bout du compte, justifiés par l'existence de Dieu, dans la mesure où Leibniz utilise le principe de raison suffisante pour justifier l'identité des indiscernables, et Dieu pour justifier le principe de raison suffisante : Dieu ne fait rien sans raison. Or, si l'absolutisme est vrai, alors Dieu a pris une décision arbitraire, sans fondement, d'actualiser le monde actuel en un endroit particulier, et à un instant spécifique, plutôt qu'en d'autres coordonnées spatiales et temporelle. En somme, le lecteur athéiste devra trouver une raison indépendante d'accepter le principe de raison suffisante, ou le principe d'identité des indiscernables, afin d'accepter la portée de l'argument du décalage.

Toutefois, et c'est l'un des points les plus intéressants de ce débat, si la totalité de notre univers matériel venait à *accélérer* simultanément dans la même direction, alors une force apparaîtrait partout dans l'univers; il serait alors tout à fait possible d'observer cette dernière, nous permettant d'inférer que nous vivons dans un univers subissant un mouvement d'accélération. L'argument du décalage ne fonctionne donc que pour des *décalages statiques*, et des *décalages cinématiques de vitesse constante*. Tout univers subissant un mouvement accéléré dans une même direction devrait manifester une force détectable empiriquement. Cependant, nous l'avons vu, il est extrêmement difficile de prouver que l'apparition de cette force témoignerait indubitablement de l'existence d'un espace absolu.

L'ENSEIGNEMENT DE LA RELATIVITÉ GÉNÉRALE

Cette réflexion demeure très éloignée de la physique contemporaine et ne fait que très sommairement appel aux connaissances empiriques, en mobilisant quelques aspects de la mécanique newtonienne pré-relativiste. Quel éclairage la physique relativiste peut-elle nous fournir? Si jusqu'alors nous avons simplement évoqué la relativité restreinte dans les sections consacrées au passage du temps, ici la théorie physique pertinente à considérer est une théorie plus générale, appelée « relativité générale », qui décrit le phénomène de la gravitation, laissé de côté par la relativité restreinte[1]. Le propos qui va suivre est difficile du fait de la complexité à interpréter philosophiquement ce que nous dit la relativité générale; toutefois, celle-ci mérite que l'on

1. À noter que la physique quantique appréhende le temps de manière classique (en mécanique quantique) ou relativiste (avec la théorie quantique des champs qui rend compte de la relativité restreinte mais pas de la relativité générale) et ne nous enseigne rien de spécifique sur la nature du temps.

investisse de l'énergie à la comprendre car elle nous permet de percevoir différemment la réalité naturelle qui nous entoure. En effet, si la relativité restreinte impose de réviser notre croyance ordinaire en l'universalité du temps, à savoir qu'il existe une unique tranche d'espace-temps correspondant au présent, il est souvent soutenu que d'après la relativité générale, la masse de la matière courbe l'espace-temps, introduisant ainsi une *relation de dépendance mutuelle* entre l'espace-temps d'un côté et son contenu de l'autre. Cette courbure vient elle-même expliquer le comportement gravitationnel des objets matériels : l'apparente force de gravitation qui s'exerce sur les objets émane en fait de leur inertie le long d'un espace courbé[1]. On pourrait songer, en première approche, que la relativité générale vient ainsi établir la vérité du substantialisme, en montrant que l'espace-temps exerce une *influence* sur le contenu matériel de l'univers. Toutefois, les choses sont plus complexes qu'il n'y paraît : la relativité générale implique en fait de *redéfinir les termes du débat* et nous impose d'examiner de *nouvelles conceptions alternatives de l'espace-temps*.

En effet, avant la relativité, ce débat portait sur le rapport entretenu par *deux* catégories d'entités : l'espace-temps d'une part, et son contenu matériel d'autre part. Or, depuis l'essor de la relativité, ce débat doit être reformulé comme une interrogation sur les rapports entretenus entre non pas deux mais *trois* types d'entités : une *collection de points d'espace-temps*, le

1. Pour une excellente introduction au statut de l'espace-temps en relativité, en rapport avec le réalisme structural ontique modéré à propos de l'espace-temps et à destination des philosophes, voir : V. Lam, « Aspects structuraux de l'espace-temps dans la théorie de la relativité générale », dans S. Le Bihan (éd.), *Précis de philosophie de la physique*, Paris, Vuibert, 2013, p. 204-221.

champ métrique gravitationnel et les *champs matériels* correspondant à la matière (et à l'ensemble des trois forces non gravitationnelles électromagnétique, forte et faible). Pour saisir cela, il faut comprendre que l'espace et le temps, tels que nous les appréhendons ordinairement, sont représentés en relativité générale par deux objets mathématiques. Premièrement, par une *variété de points d'espace-temps*. Cette structure mathématique fournit déjà une certaine quantité d'informations comme les *relations d'adjacence* (mais pas les distances) entre les points. Le deuxième objet mathématique est le champ métrique gravitationnel qui représente, notamment, les *relations de distance spatiales et temporelles* entre les points, mais aussi d'autres aspects tels que la courbure ou la structure causale de notre univers. De même, notre concept ordinaire de matière peut être mis aisément en correspondance avec deux objets mathématiques : les *champs matériels*, mais aussi le *champ métrique gravitationnel* puisque ce dernier décrit les interactions gravitationnelles entre les objets matériels. Un champ peut s'appréhender comme une structure, une sorte de grille, assimilée à une collection de propriétés, de valeurs, distribuées dans un espace propre à cette structure. Ces outils mathématiques nous permettent donc de nous représenter la réalité naturelle comme une collection de points, eux-mêmes connectés les uns aux autres par un empilement de ces structures.

Un problème est qu'il n'est pas aisé de saisir si le *champ métrique gravitationnel*, cette créature mathématique qui encode aussi bien les *relations de distance* entre les points – d'où le nom de champ métrique – que la *force de gravitation*, doit se ranger avant tout du côté de l'espace-temps avec les points d'espace-temps, ou du côté de la matière décrite mathématiquement par les champs matériels. Notre vision ordinaire du monde comme une collection de choses, bien séparées de l'espace et du temps, et prenant place en eux, est ainsi battue en brèche. La nécessité de remplacer la séparation entre matière et espace-temps par une autre séparation entre, premièrement, une variété de points d'espace-temps, deuxièmement, une structure générant les distances, les angles et les effets gravitationnels et, troisièmement d'autres structures associées aux autres forces et à la matière, nous force à reconsidérer les catégories primitives que nous utilisons pour organiser notre compréhension du monde physique. Face à ce chaos conceptuel peu familier, et afin de mettre de l'ordre, il est utile de distinguer deux questions en s'interrogeant, *premièrement, sur le rapport entre les points d'espace-temps et le champ métrique gravitationnel* et, *deuxièmement, sur le rapport entre le champ métrique gravitationnel et les autres champs matériels*.

En ce qui concerne le premier point, on peut soit nier l'existence même des points d'espace-temps en soutenant qu'ils résultent simplement d'un artefact mathématique de la formulation classique de la relativité générale ; soit soutenir qu'ils n'ont qu'une existence indirecte, qui dérive du champ métrique gravitationnel (nous l'appellerons « champ métrique » dans la suite pour faire court). Dans tous les cas, on ne peut *pas* soutenir que ces points possèdent une *existence propre*, indépendante du champ métrique, et cela à cause d'une propriété de ce dernier : l'« indépendance de fond » (*background independence*)[1]. Cette propriété découle du fait que la relativité générale

1. V. Lam, « Aspects structuraux de l'espace-temps dans la théorie de la relativité générale », dans *Précis de philosophie de la physique*, *op. cit.*, p. 215-217.

fournit une pluralité de modèles mathématiques qui sont empiriquement indiscernables et qui postulent pourtant des points d'espace-temps distincts.

Ne peut-on pas alors soutenir, tout simplement, que l'espace-temps n'est rien d'autre que le champ métrique ? En effet. Toutefois, l'assimilation de l'espace-temps au champ métrique n'est pas sans poser problème en ce qu'il ressemble étrangement aux champs matériels qui décrivent la matière dont est faite la table devant vous. Toute la question est alors de savoir si le champ métrique relève en priorité de la catégorie métaphysique de l'espace-temps, ainsi que l'indique potentiellement le fait qu'il représente moult propriétés usuellement attribuées à l'espace et au temps, notamment les relations de distance spatiales et temporelles ; ou s'il n'est juste qu'un champ similaire aux autres champs, comme le suggère le fait que ce champ est décrit par des équations différentielles similaires à celles qui décrivent la matière. De deux choses l'une : soit ce champ est spécial et représente l'espace-temps, soit il n'est pas spécial et représente un champ du même type que les autres, mais distribué de façon très spéciale selon une caractéristique que je qualifierai d'*ubiquité interactionnelle* : tout champ matériel est nécessairement couplé au champ gravitationnel, quand le champ gravitationnel n'est pas systématiquement couplé à des champs matériels. En termes moins techniques, ceci signifie que la matière ne peut pas exister en dehors de l'espace-temps, alors que des zones d'espace-temps peuvent exister en étant vide de matière, invalidant le relationnisme classique tel que défendu par Leibniz et Mach.

Est-ce que la spécificité du champ métrique vient de ce couplage systématique avec la matière, expliquant l'apparence spatio-temporelle de notre monde ou, au contraire, est-ce que l'existence d'un tel couplage systématique découle du simple fait que le champ métrique *représente* l'espace-temps ? D'après l'*interprétation géométrique*, interprétation classique de la relativité générale, l'espace-temps existe bel et bien, et cette existence explique pourquoi il ne peut pas y avoir de matière sans champ métrique. D'après l'*interprétation dynamique* de l'espace-temps, au contraire, le champ métrique devient un champ comme les autres, qui joue dans notre expérience le rôle de l'espace et du temps – mais ce rôle de la spatio-temporalité pourrait tout à fait être fonctionnellement réalisé par un autre champ dans un monde possible très différent du nôtre. De là à conclure que l'espace-temps n'existe pas réellement dans le monde actuel, il n'y a qu'un pas, et la seule question à trancher devient verbale : ce champ métrique un peu spécial mérite-t-il le nom d'espace-temps ?

Quoi qu'il en soit, la relativité générale implique que l'espace-temps est correctement décrit par un champ métrique gravitationnel dont les propriétés dépendent de la distribution de la matière. De plus, la distribution de la matière dans l'espace-temps dépend elle aussi du champ métrique. L'espace-temps se manifeste ainsi empiriquement à nous, dans la lignée du substantialisme classique, mais il se distingue difficilement de la matière, dans la lignée du relationnisme classique.

CONCLUSION

Depuis l'essor de la relativité au début du XXe siècle, et la découverte que les propriétés du temps diffèrent de celles que lui prête le sens commun (avec le rejet de l'universalité), il est devenu apparent qu'un traitement adéquat de la notion de temps ne peut prétendre ignorer les enseignements des différentes théories physiques. Or, deux de ces théories, la relativité restreinte et la relativité générale, offrent indubitablement un témoignage fort en faveur de la théorie de l'univers-bloc selon laquelle la réalité est un bloc à quatre dimensions dans lequel le temps ne s'écoule pas et dans lequel il n'existe pas de séparation objective entre le passé, le présent et l'avenir. Toutefois, dans la mesure où les deux principales théories fondamentales en physique, à savoir la théorie de la relativité générale et la théorie quantique des champs, reposent sur des postulats mutuellement incompatibles, on est en droit de s'interroger : à quoi ressemblera donc, dans le futur, la métaphysique du temps qui plongera ses racines dans ces futures théories ? Ce point est délicat car il est difficile de savoir quel programme de recherche actuellement en construction se révélera fécond. La physique du futur héritera-t-elle du traitement classique de la notion de temps, qui demeure lovée au sein de la physique quantique ou, au contraire, décrira-t-elle un temps radicalement différent, voire inexistant ?

Néanmoins, sans constituer entièrement une impossibilité logique, il est hautement probable que la physique du futur n'amorcera pas un demi-tour en direction de l'ontologie naïve supposée par le sens commun. Au contraire, les signaux actuels pointent dans la direction d'hypothèses à la radicalité supérieure à tout ce que l'on a connu dans l'histoire de la physique.

En effet, parmi les révisions philosophiques potentielles actuellement discutées par les physiciens, citons la plus importante et la plus radicale d'entre elles en ce qui concerne le temps (et l'espace), afin de tenter de saisir dans quelle mesure la théorie de l'univers-bloc pourrait se voir confortée ou, au contraire, mise à mal à l'avenir : l'*hypothèse de l'inexistence de l'espace-temps*. D'après cette hypothèse, l'espace-temps est un résidu de notre conception du sens commun, voué à être éliminé de nos théories physiques plus matures. De la même manière que la théorie de la relativité a signé l'arrêt de mort de la théorie du devenir, si l'on excepte quelques soubresauts portés par certains philosophes qui font beaucoup, peut-être trop, confiance à leurs intuitions, il se pourrait que la physique du futur impose de jeter aux orties l'idée même que notre monde possède une dimension temporelle, ou son identification à un espace-temps relativiste. Certaines tentatives de quantifier (c'est-à-dire d'introduire une description des effets quantiques dans) les équations de la relativité générale ont en effet conduit à la formulation d'équations dénuées d'une variable « *t* »[1]. En éliminant le temps, la façon classique

1. Pour une introduction en français à la possible disparition de l'espace et du temps en « gravité quantique », terme désignant la constellation de programmes de recherches qui visent à créer une nouvelle théorie plus fondamentale et rassemblant les résultats

de décrire l'éternalisme comme la thèse selon laquelle les entités passées, présentes et futures existent tout autant les unes que les autres devient inopérante : si le temps n'existe pas, cela implique en effet non seulement que les trois zones temporelles du passé, du présent et du futur n'existent pas (ainsi que le soutient le théoricien de l'univers-bloc), mais aussi que les relations d'antériorité et de postériorité qui permettent au théoricien de l'univers-bloc de soutenir que les événements connectés par ces relations existent *simpliciter*, n'existent pas. En somme, sans temps, il devient impossible d'admettre l'existence de relations temporelles ; et sans relations temporelles, la distinction même entre le présentisme, le non-futurisme et l'éternalisme s'effondre. Toutefois, il est relativement aisé de préserver l'*esprit* de l'éternalisme en soutenant que toute entité naturelle, indépendamment de sa localisation dans la structure multi-dimensionnelle, coexiste *simpliciter*, c'est-à-dire, en éliminant l'idée d'une variation de la réalité multi-dimensionnelle prise dans sa totalité. Il semble donc que si la physique du futur venait à montrer l'inexistence du temps, l'esprit sinon la lettre de l'éternalisme, serait préservé. Il est donc raisonnable de parier que les fondations empiriques de la thèse éternaliste ne vacilleront pas dans un avenir proche, et que l'absence de spécificité du présent deviendra plus radicale encore, exigeant par là d'offrir une nouvelle formulation de l'éternalisme.

Peut-on dériver certaines conséquences pratiques et existentielles de ces révisions importantes de la notion

de la relativité générale et de la théorie quantique des champs, *cf.* C. Wüthrich, « A la recherche de l'espace-temps perdu : questions philosophiques concernant la gravité quantique », dans S. Le Bihan (éd.), *Précis de philosophie de la physique*, *op. cit.*, p. 222-241.

de temps ? En prenant conscience que nous habitons un bloc spatio-temporel et non une réalité dynamique, devrions-nous envisager de mener différemment nos vies ? Arrêtons-nous un instant sur le statut existentiel des habitants de l'univers. L'éternité à laquelle souscrit la conception éternaliste n'est pas celle de l'*atemporalité*, l'idée que le monde n'est pas temporel, ou de la *sempiternalité*, l'idée que le monde n'a pas de fin, mais la conception selon laquelle des entités coexistent *simpliciter* en de multiples localisations temporelles. Ces individus, qu'il s'agisse des objets physiques ou des êtres vivants, ont donc une existence bornée dans le temps. Leur trajectoire temporelle est délimitée par un début et par une fin. Et en comparaison de l'étendue temporelle gigantesque de l'univers quadri-dimensionnel, les êtres vivants sont pour le moins éphémères : en effet, quelques décennies ne constituent guère plus qu'une anecdote en comparaison de l'extension temporelle de 13,8 milliards d'années que nous donne le modèle cosmologique standard[1]. Néanmoins, sans être éternels au sens de la persistance sempiternelle, ces individus dont l'étendue temporelle est négligeable à l'échelle cosmologique, et en particulier les êtres vivants, sont éternels au sens de l'existence *simpliciter*. Toute entité qui existe *simpliciter* existe de toute éternité en un sens

1. Un lecteur curieux pourrait s'interroger sur cette datation de l'univers : si le temps est relatif à un observateur dans le cadre de la relativité, comment l'univers pourrait-il avoir un âge absolu, non relatif à une localisation particulière en son sein, étant donné que la cosmologie a pour principal outil théorique la théorie de la relativité générale ? En fait, cet âge cosmologique correspond à celui qu'enregistrerait une horloge qui suivrait le flux de Hubble, c'est-à-dire l'expansion de l'espace à travers le temps, sans subir les effets relativistes du champ gravitationnel.

très simple : à chaque instant dans l'histoire de l'univers, que cette histoire ait eu un début ou non, qu'elle ait une fin ou non, les choses se passent telles qu'elles se passent, et cela relativement à chaque autre instant de l'univers. L'éternalisme contrebalance ainsi le caractère éphémère de nos existences en postulant une *éternité exotique* et un peu particulière.

Il se pourrait ainsi que la pensée nietzschéenne de l'éternel retour[1] trouve une justification inattendue dans la métaphysique contemporaine du temps. L'éternel retour est l'idée que nous allons revivre un nombre infini de fois chaque instant de notre vie. Cette conception, Nietzsche l'utilise comme une sorte de contrainte sur notre manière de mener et d'évaluer nos vies. Nous devons vivre chaque instant en partant du principe que nous allons le vivre encore et encore : si cette pensée nous paraît positive, c'est que nous vivons correctement. En revanche, si cette pensée nous paraît détestable, c'est que notre condition présente nous déplaît ou nous fait souffrir, et cela suffisamment pour que nous espérions de l'avenir une condition meilleure. On peut s'émerveiller du fait que l'éternité exotique entraîne une épreuve similaire à l'éternel retour nietzschéen. Bien qu'il n'y ait aucun retour, et en fait aucun tour, deux notions dynamiques surannées dans le cadre de l'éternalisme, l'éternité exotique joue le même rôle que l'éternel retour en intensifiant la réalité de chaque épisode de nos existences.

Aussi fascinante que soit cette réalité quadridimensionnelle, dans laquelle nous évoluons de manière si particulière, le lecteur pourra peut-être s'inquiéter de ses perspectives futures et s'interroger sur l'étendue de

1. F. Nietzsche, *Le gai savoir*, § 285 et 341.

sa liberté à affecter le cours du monde en général et de sa vie en particulier. En effet, à quoi bon prendre au sérieux nos existences si le libre arbitre, condition de possibilité d'une telle quête, nous est refusé par la structure même de l'univers ? Si les choses futures existent de toute éternité au sens décrit ci-dessus, avons-nous encore la moindre marge de manœuvre pour l'exercice d'un franc arbitre ? S'il est vrai de toute éternité que demain matin vous allez prendre votre petit-déjeuner, est-il encore possible que vous ne le preniez pas ? Le monde peut-il encore inclure de la contingence ? Ne sommes-nous pas prisonniers de l'espace-temps dans sa configuration immuable ? Moins menaçantes pour les présentistes et les non-futuristes qui nient l'existence du futur, ces questions deviennent inquiétantes dans le cadre de la théorie de l'univers-bloc. Dans les deux commentaires de texte qui suivent, nous allons examiner les contraintes modales posées par la théorie de l'univers-bloc en nous interrogeant sur la contingence qui peut survivre à l'éternalisme. Dans un premier temps, nous examinerons la situation d'un voyageur temporel extraordinaire qui souhaiterait changer le cours du passé. Nous aborderons ensuite la situation plus banale de nous autres, voyageurs temporels ordinaires qui cheminons avec constance dans (ce qui nous semble être) le présent sans jamais nous extraire de ce qui nous apparaît comme le cours naturel du temps.

TEXTES ET COMMENTAIRES

TEXTE 1

DAVID LEWIS

*Les paradoxes du voyage dans le temps**

Je maintiens que le voyage dans le temps est possible. Les paradoxes du voyage dans le temps sont des bizarreries, pas des impossibilités. Ils montrent seulement ce dont peu auraient douté : qu'un monde possible où le voyage dans le temps aurait lieu serait un monde très étrange, fondamentalement différent du monde que nous pensons être le nôtre.

Je traiterai ici du genre de voyage dans le temps qui est raconté dans la science-fiction. Les écrivains de science-fiction n'ont pas toujours les idées claires, bien sûr, et de nombreuses histoires inconsistantes de voyage dans le temps ont souvent été écrites. Mais certains écrivains ont réfléchi à ces problèmes avec beaucoup d'attention, et leurs histoires sont parfaitement cohérentes[1]. [...]

* Trad. fr. J. Benovsky (légèrement modifiée), *Philosophie du temps, op. cit.*, p. 391-412. Texte original : D. Lewis, « The Paradoxes of Time Travel », *American Philosophical Quarterly* 13, 1976, p. 145-152.

1. J'ai particulièrement à l'esprit deux histoires de voyage dans le temps de Robert A. Heinlein : « Un self-made-man », dans Demètre Ioakimidis, *Le livre d'or de la science-fiction : Robert Heinlein,*

Qu'est-ce que le voyage dans le temps? Inévitablement, il implique une discordance entre temps et temps. Un voyageur part et arrive ensuite à sa destination; le temps écoulé entre le départ et l'arrivée (positif, ou peut-être nul) correspond à la durée du voyage. Mais s'il est un voyageur temporel, la séparation dans le temps entre le départ et l'arrivée n'est pas égale à la durée du voyage. Il part; il voyage pendant, disons, une heure; et ensuite il arrive. Le temps auquel il arrive n'est pas le temps une heure après son départ. Il est plus tard si le voyageur a voyagé vers le futur; et plus tôt s'il a voyagé vers le passé. S'il a voyagé vers le passé, il arrive alors plus tôt que son départ. Comment se peut-il que les deux mêmes événements, son départ et son arrivée, soient séparés par deux quantités inégales de temps?

[...] J'ai demandé comment il se pourrait que les deux mêmes événements soient séparés par deux quantités de temps inégales, et j'ai mis de côté la réponse selon laquelle le temps pourrait avoir deux dimensions indépendantes. Au lieu de cela je réponds en distinguant le temps lui-même, le *temps externe* comme je vais l'appeler, du *temps personnel* d'un voyageur temporel particulier : en gros, celui qui est mesuré par sa montre. Disons que son voyage prend une heure de son temps personnel; sa montre affiche une heure plus tard à l'arrivée qu'au départ. Mais l'arrivée est plus d'une heure après le départ dans le temps externe s'il voyage vers le futur; ou l'arrivée se trouve être avant le départ dans le

Paris, Pocket, 1981 et R. A. Heinlein, « Vous les zombies... », dans J. Goimard, *La grande anthologie de la science-fiction : Histoires de voyages dans le temps*, Paris, Le livre de poche, 1975.

temps externe (ou moins d'une heure après) s'il voyage vers le passé [...].

Ce qui est mesuré par ma propre montre est souvent en désaccord avec le temps externe, et pourtant je ne suis pas un voyageur temporel ; ce dont ma montre mal réglée est la mesure n'est ni le temps lui-même ni mon temps personnel. À la place d'une définition opérationnelle, nous avons besoin d'une définition fonctionnelle du temps personnel : c'est ce qui joue un certain rôle dans la structure des événements qui composent la vie du voyageur temporel. Si vous considérez les étapes d'une personne ordinaire, elles exhibent certaines régularités par rapport au temps externe. Les propriétés changent de manière continue, le plus souvent, et de manière familière. Les étapes enfantines viennent en premier. Les étapes séniles viennent en dernier. Les mémoires s'accumulent. Les repas sont digérés. Les cheveux poussent. Les aiguilles des montres bougent. En revanche, si vous considérez les étapes d'un voyageur temporel, elles ne manifestent pas ces régularités ordinaires par rapport au temps externe. Mais il y a une manière d'assigner des coordonnées aux étapes du voyageur temporel, une manière unique (à part le choix arbitraire du point zéro), telle que les régularités qui ont lieu par rapport à cet assignement correspondent à celles qui ont d'ordinaire lieu par rapport au temps externe. Par rapport à cet assignement correct les propriétés changent de manière continue, le plus souvent, et de manière familière. Les étapes enfantines viennent en premier. Les étapes séniles viennent en dernier. Les mémoires s'accumulent. Les repas sont digérés. Les cheveux poussent. Les aiguilles des montres bougent. L'assignement de coordonnées qui donne lieu à cette correspondance est le temps personnel du voyageur temporel. Ce n'est pas vraiment le temps, mais cet assignement joue le même rôle que celui joué par le temps dans la vie de personnes ordinaires. Il est suffisamment similaire au temps pour que nous puissions – avec les précautions nécessaires – y transplanter notre vocabulaire temporel lorsque nous parlons du voyageur. Nous pouvons dire, sans contradiction, lorsque le voyageur temporel se prépare à partir : « Bientôt, il sera dans le passé ». Nous voulons dire qu'une de ses étapes se trouve être un peu plus tard dans son temps personnel, mais beaucoup plus tôt dans le temps externe, que son étape qui est présente lorsque nous énonçons cette phrase.

[…] Il se peut que l'on accepte tout ceci, mais que l'on objecte que l'impossibilité du voyage dans le temps est révélée lorsque nous soulevons la question non pas de ce que le voyageur temporel *fait*, mais de ce qu'il *pourrait faire*. Est-ce que le voyageur temporel pourrait changer le passé ? Il semble que non : les événements passés ne peuvent pas davantage changer que les nombres. Pourtant, il semble qu'il serait capable comme n'importe qui de faire des choses qui changeraient le passé s'il les faisait. Si un voyageur temporel visitant le passé à la fois pourrait et ne pourrait pas faire quelque chose qui le changerait, alors il ne peut pas y avoir un tel voyageur.

Prenons l'exemple de Tim. Il déteste son grand-père, dont le succès dans le commerce des armes a constitué la fortune familiale qui a permis de payer le coût de la machine à voyager dans le temps de Tim. Tim ne souhaite rien tant que de tuer son grand-père, mais malheureusement il est trop tard. Le grand-père est mort dans son lit en 1957 lorsque Tim était encore un jeune garçon. Mais lorsque Tim a construit sa machine à voyager dans le temps et a voyagé en 1920, il se rend compte soudainement qu'il n'est pas trop tard après tout. Il achète un fusil ; il passe de longues heures à s'entraîner au tir ; il suit son grand-père pour connaître son trajet quotidien à la fabrique des armes ; il loue une chambre le long de la route ; et il se tient en embuscade, un jour d'hiver en 1921, fusil chargé, la haine au cœur, tandis que son grand-père s'approche de plus en plus près.

Tim peut tuer son grand-père. Il a tout ce qu'il faut pour cela. Les conditions sont parfaites : le meilleur fusil que l'argent peut offrir, son grand-père étant une cible facile à seulement vingt yards, pas de vent, la porte bien fermée contre des intrus, Tim étant un excellent tireur dès le départ et à présent au meilleur de sa forme, et ainsi de suite. Qu'est-ce qui peut l'arrêter ? Les forces de la logique ne vont pas arrêter sa main ! Aucun chaperon puissant ne se trouve là pour défendre le passé de son interférence. (Imaginer un tel chaperon, comme le font certains auteurs, est une échappatoire ennuyeuse, et qui n'est pas nécessaire pour rendre l'histoire de Tim cohérente.) En bref, Tim est autant capable de tuer son grand-père que n'importe qui est capable de tuer quelqu'un. Supposez que plus loin dans la rue se cache un autre tireur, Tom, et qu'il attend une autre victime, l'associé du grand-père de Tim. Tom n'est pas un voyageur temporel, mais à part cela il est exactement comme Tim : la même marque de fusil, la même intention meurtrière, tout est pareil. On peut même supposer que Tom, tout comme Tim, croit qu'il est un voyageur temporel. Quelqu'un s'est donné beaucoup de peine pour tromper Tom et le lui faire croire. Il n'y a aucun doute que Tom peut tuer sa victime ; et tout se passe pour Tim de la même manière. Selon tous les standards ordinaires de capacité, Tim peut tuer son grand-père.

Tim ne peut pas tuer son grand-père. Son grand-père a vécu, donc le tuer serait changer le passé. Mais les événements d'un moment passé ne sont pas divisibles en parties temporelles et donc ne peuvent pas changer. Soit les événements de 1921 incluent de manière atemporelle (*timelessly*) l'assassinat par Tim de son grand-père, soit ils ne l'incluent pas. Nous pourrions être tentés de parler du 1921 « original » qui se trouve dans le passé personnel de Tim, des années avant sa naissance, où son grand-père a vécu, et du « nouveau » 1921 où Tim se trouve à présent en embuscade pour tuer son grand-père. Mais si nous parlions ainsi, nous donnerions simplement deux noms à une seule et même chose. Les événements de 1921 sont doublement localisés dans le temps personnel (étendu) de Tim, comme le pont sur la ligne de chemin de fer, mais le 1921 « original » et le « nouveau » 1921 sont un et le même. Si Tim n'a pas tué son grand-père dans le 1921 « original », alors s'il tue son grand-père dans le « nouveau » 1921, il doit à la fois tuer et ne pas tuer son grand-père en 1921 – dans l'unique 1921 qui est à la fois le 1921 « nouveau » et « l'original ». Il est logiquement impossible que Tim puisse changer le passé en tuant son grand-père en 1921. Donc, Tim ne peut pas tuer son grand-père.

Ce n'est pas que les moments passés sont spéciaux ; personne ne peut non plus changer le présent ou le futur. Les événements momentanés présents et futurs n'ont pas plus de parties temporelles que n'en ont les événements passés. Vous ne pouvez pas changer un événement présent ou futur de ce qu'il était originellement en ce qu'il est après que vous l'ayez changé. Ce que vous *pouvez* faire c'est de changer le présent ou le futur de la manière non actualisée (*unactualized*) qu'ils auraient été sans action de votre part en la manière dont ils sont actuellement. Mais ceci n'est pas un changement actuel : ce n'est pas une différence entre deux actualités successives (*successive actualities*). Tim peut certainement faire cela ; il change le passé de la manière non actualisée dont il serait sans lui en la manière unique dont il est actuellement. Pour « changer » le passé de cette manière, Tim n'a pas besoin de faire quelque chose de momentané ; il lui suffit d'être là, simplement et discrètement. [...]

Nous avons cette contradiction apparente : « *Tim ne fait pas, mais peut, car il en a les moyens* » contre « *Tim ne fait pas, et ne peut pas, car il est logiquement impossible de changer le passé* ». Je réponds qu'il n'y a pas de contradiction. Les deux conclusions sont vraies, pour les raisons avancées. Elles sont compatibles car « peut » est équivoque.

Dire que quelque chose peut arriver veut dire que son advenue est compatible (*compossible*) avec certains faits. *Quels* faits ? Ceci est déterminé, mais pas toujours très bien, par le contexte. Un primate ne peut pas parler une langue humaine – disons, le finnois – mais moi, je le peux. Les faits concernant l'anatomie et le fonctionnement du larynx d'un primate ainsi que son système nerveux ne sont pas compatibles avec le fait de parler le finnois. Les faits correspondants concernant mon larynx et mon système nerveux sont compatibles avec le fait que je parle le finnois. Mais ne m'emmenez pas à Helsinki pour être votre interprète : je ne peux pas parler le finnois. Le fait que je parle le finnois est compatible avec les faits énoncés ci-dessus, mais pas avec d'autres faits concernant mon manque d'apprentissage de cette langue. Ce que je peux faire relativement à un ensemble de faits, je ne peux pas le faire relativement à un autre ensemble de faits plus inclusif. Lorsque le contexte ne détermine pas quels sont les faits pertinents, il est possible d'être ambigu à propos du fait que je peux parler le finnois. Il est également possible d'être ambigu à propos de la question de savoir s'il est possible pour moi de parler le finnois, ou si j'en suis capable, ou si j'en ai la compétence, la capacité, le pouvoir ou la potentialité. Le fait que nous ayons beaucoup de mots différents pour parler de la même chose n'est pas d'un grand secours puisqu'ils ne semblent pas correspondre à différentes délimitations fixées par des faits pertinents.

L'assassinat par Tim de son grand-père en ce jour de 1921 est compatible avec un ensemble de faits très riche : les faits concernant son fusil, son savoir-faire et son entraînement, la ligne de mire dégagée, la porte fermée, l'absence d'un chaperon venu défendre le passé, et ainsi de suite. En fait, l'assassinat est compatible avec tous les faits de la sorte que nous prendrions habituellement en considération lorsque nous disons de quelqu'un qu'il peut faire quelque chose. Il est compatible avec tous les faits correspondant à ceux que nous tenons pour pertinents dans le cas de Tom. Relativement à ces faits, Tim peut tuer son grand-père. Mais son assassinat n'est pas compatible avec un autre ensemble de faits, plus inclusif. Il y a le simple fait que son grand-père n'a pas été tué. Il y a également divers autres faits concernant les actions de son grand-père après 1921 ainsi que leurs effets : son grand-père a engendré son père en 1922 et son père a engendré Tim en 1949. Relativement à ces faits, Tim ne peut pas tuer son grand-père. Il le peut et il ne le peut pas, mais sous des délimitations différentes de faits pertinents. Vous pouvez choisir la délimitation plus étroite et dire qu'il le peut, ou choisir la délimitation plus large et dire qu'il ne le peut pas. Mais choisissez. Ce qu'il ne faut pas que vous fassiez c'est de vaciller et de dire à la fois qu'il le peut et qu'il ne le peut pas, et ensuite soutenir que cette contradiction montre que le voyage dans le temps est impossible.

[...] Quelle différence cela ferait-il si Tim voyageait dans un temps arborescent (*branching time*) ? Supposez que dans le monde possible de l'histoire de Tim l'espace-temps soit fait de branches ; les branches ne sont pas séparées dans le temps ni dans l'espace, mais d'une autre manière. Tim voyage non seulement dans le temps mais aussi d'une branche vers une autre. Dans une branche Tim est absent des événements de 1921 ; son grand-père vit ; Tim est né, il grandit, et il disparaît dans sa machine à voyager dans le temps. Une autre branche se sépare (*diverges*) de la première lorsque Tim apparaît en 1920 ; là, Tim tue son grand-père et son grand-père ne laisse aucun descendant et aucune fortune ; les événements des deux branches diffèrent de plus en plus à partir de ce moment-là. Ceci est certainement une histoire cohérente ; c'est une histoire dans laquelle le grand-père à la fois est et n'est pas tué en 1921 (dans les différentes branches) ; et c'est une histoire dans laquelle Tim, en tuant son grand-père, réussit à empêcher sa propre naissance (dans l'une des branches). Mais ce n'est pas une histoire dans laquelle l'assassinat par Tim de son grand-père a lieu et n'a pas lieu à la fois : il a tout simplement lieu, bien qu'il soit localisé dans une branche et pas dans l'autre. Et ce n'est pas une histoire où Tim change le passé. 1921 et les années ultérieures contiennent les événements des deux branches, qui coexistent sans interaction. Il reste vrai à tous les moments du temps personnel de la vie de Tim, même après l'assassinat, que son grand-père vit dans une branche et meurt dans une autre.

COMMENTAIRE

LA NÉCESSITÉ DU PASSÉ

INTRODUCTION

David Lewis a marqué l'histoire de la philosophie, et en particulier de la métaphysique, notamment avec sa thèse stupéfiante du réalisme modal, à savoir que les entités simplement possibles existent tout autant que les choses du monde actuel – les mondes possibles pris dans leur totalité jouissant d'un statut ontologique égal à celui du monde actuel. Sa thèse selon laquelle les voyages dans le temps sont logiquement possibles implique donc, de son point de vue, qu'il existe dans le multivers modal des mondes dans lesquels des personnes remontent le temps et semblent pouvoir tuer leur grand-père avant que celui-ci ne donne naissance à leur père. Lewis possède donc un domaine de compétences idéal pour analyser un problème qui relève à la fois de l'analyse du temps et de celle des modalités, à savoir le paradoxe du grand-père qui repose sur la tension entre deux classes de jugements contradictoires : tout voyageur temporel *doit pouvoir et ne pas pouvoir changer le passé*. Dans ces extraits, Lewis commence par analyser d'abord la notion du voyage dans le temps, avant de se tourner vers la notion de la *possibilité* du voyage dans le temps.

VOYAGES EXOTIQUES DANS LE TEMPS

Commençons par examiner la notion même de voyage dans le temps. Il en existe plusieurs types et il est important de noter que Lewis porte ici son attention sur celui que l'on rencontre communément dans la science-fiction – et que l'on peut se représenter comme une téléportation dans le temps (à l'intérieur ou non d'une machine à voyager dans le temps) vers une région de l'espace-temps passée ou future par rapport à un point de départ. Or, il existe d'autres types de voyages dans le temps, par exemple en voyageant dans une machine qui remonte le temps de manière continue comme dans l'histoire de Wells, ou en arrivant dans le passé par le simple fait d'avancer vers le futur, en suivant des lignes d'univers aux formes très particulières qui ont en commun d'être fermées sur elles-mêmes. Ces derniers types de voyages dans le temps sont fort intéressants en ce qu'ils apparaissent dans certaines solutions mathématiques aux équations de la relativité générale[1]. L'existence de ces lignes d'univers fermées dans notre univers ne peut être exclue à l'heure actuelle, bien que nous n'en ayons jamais observé. Toutefois, dans la mesure où ces types de voyages dans le temps génèrent globalement les mêmes problèmes que les voyages dans le temps de type téléportation temporelle ou les voyages de type « remonter le temps », nous nous focaliserons, avec Lewis, sur ces derniers.

1. Voir K. Gödel, « An Example of a New Type of Cosmological Solutions of Einstein's Field Equations of Gravitation », *Review of Modern Physics* 21, 1949.

Une distinction fondamentale à avoir en tête lorsqu'on examine des scénarios de voyage dans le temps est celle entre *temps externe* et *temps personnel.* Le temps externe est le temps indépendant du sujet, que l'on peut identifier à un temps cosmologique avec toutes les difficultés et nuances qu'une telle identification requiert[1]. Le temps personnel en revanche est le temps mesuré par les systèmes matériels de mesure du temps (montres, horloges et autres outils informatiques) et notre horloge interne. Plus précisément le temps personnel nous indique les relations d'ordre entre les événements qui rythment notre vie. Ainsi, le temps personnel n'est pas vraiment le temps ; il s'agit plutôt d'une collection de changements, et de consciences de changements, que nous interprétons habituellement comme une représentation (plus ou moins précise) du temps externe. Dans les situations ordinaires, notre temps personnel traque fidèlement le temps externe. L'hypothèse des voyages dans le temps de type téléportation temporelle revient précisément à introduire un déphasage entre le temps externe et le temps personnel, ou pour le dire autrement, à dissocier *temps personnel et causalité* d'une part et *temps externe* d'autre part.

En effet, en un sens les changements que nous observons autour de nous, ou dans notre conscience, sont

1. En effet, avec la relativité générale il devient impossible d'isoler une tranche d'espace-temps à l'échelle cosmologique, qui correspondrait au présent. Toutefois, nous pouvons aisément isoler un *temps externe local*, qui, bien qu'il ne soit pas universel, est suffisamment général pour synchroniser les montres des individus à l'existence ordinaire (*i.e.* ne subissant pas de voyages dans le temps) à l'échelle de la planète et du système solaire – pour peu que personne ne se déplace à une fraction non négligeable de la vitesse de la lumière.

des changements matériels, que l'on peut analyser comme des *changements causaux*. Soutenir qu'il se produit une téléportation temporelle à destination de notre passé revient à affirmer qu'un événement E_1 se produisant à un instant particulier t_1 (la disparition de la machine à voyager dans le temps, ou du voyageur temporel) cause l'apparition d'un événement E_2 à un instant t_0 antérieur à t_1 (l'apparition de la machine à voyager dans le temps ou du voyageur temporel). L'existence d'une telle relation causale ne suivant plus le cours des relations d'ordre temporel est nécessaire pour la raison suivante : en l'absence d'une telle relation causale, qu'est-ce qui assurerait l'identité numérique trans-temporelle du voyageur temporel ? On pourrait tout à fait soutenir que l'apparition soudaine d'un individu à t_0, soit l'événement E_2, n'entretient aucune relation particulière avec l'événement E_1 qui se produira plus tard à t_1, à savoir la disparition d'un autre individu en tout point identique à celui qui était apparu à l'instant t_1. Bien que bizarre, cette affirmation montre qu'il doit exister une relation entre E_1 et E_2 qui assure que les deux individus sont bel et bien un même individu. Le temps personnel repose ainsi sur l'existence de relations causales, et l'hypothèse de la possibilité des voyages dans le temps revient à postuler que les relations causales peuvent être dissociées des relations d'ordre temporelles.

POSSIBILITÉ DES VOYAGES DANS LE TEMPS

Un second point crucial lorsqu'on s'interroge sur la possibilité des voyages dans le temps est l'idée même de « possibilité ». En effet, il n'est pas évident *a priori* de savoir ce que ce terme de « possibilité » signifie exactement dans le contexte des voyages dans le temps. Il pourrait s'agir d'une *possibilité pratique* : pouvons-nous *concrètement* voyager dans le temps, par exemple en construisant une machine à voyager dans le temps, où en exploitant des trous de vers connectant des localisations spatio-temporelles lointaines ? Il pourrait également s'agir d'une *possibilité physique* : est-il possible, conformément aux *lois de nos théories physiques les plus fondamentales*, à savoir de la relativité générale et de la théorie quantique des champs, de voyager dans le temps ? Ou encore, il pourrait s'agir d'une *possibilité logique* : l'idée même de voyager dans le temps est-elle *cohérente* ?

L'essai de Lewis se focalise sur la possibilité logique des voyages dans le temps en examinant si des univers qui incluent des voyages dans le temps sont cohérents. Il ne s'agit donc pas ici de s'interroger sur le fait de savoir si nous pouvons concrètement retourner dans le passé pour rencontrer ou revoir nos aïeux (et à laquelle on peut répondre négativement), ou d'examiner les théories physiques pour déterminer si ces dernières permettent de voyager dans le temps[1]. Quel est alors l'intérêt d'une réflexion sur la possibilité logique de voyager dans le temps ? Il existe deux grandes motivations à l'origine de cette question. Premièrement, la possibilité physique des voyages dans le temps suppose une possibilité logique de tels voyages. Si de tels scénarios venaient à violer les règles élémentaires de la logique, alors s'interroger sur la possibilité physique de tels voyages serait tout

1. Sur ce point, *cf.* J. Earman, C. Smeenk et C. Wüthrich, « Do the Laws of Physics Forbid the Operation of Time Machines ? », *Synthese*, 2008.

simplement dénué de fondement (toutefois, notons que le fait même que certains scénarios semblent physiquement possibles, par une application du *modus tollens*, plaide en faveur de la thèse que ces scénarios sont également logiquement possibles). Une deuxième motivation est que cette question permet de saisir certaines propriétés du temps. En particulier, il est généralement admis que les voyages dans le temps ne sont possibles que dans des univers possédant une ontologie éternaliste ; comment, en effet, faire des allers-retours entre le domaine présent de l'existence et les domaines passés et futurs du néant ? En ce sens, la possibilité logique des voyages dans le temps offre des raisons fortes de souscrire à la théorie de l'univers-bloc[1].

Le paradoxe du grand-père

Dans l'extrait choisi, David Lewis se focalise sur le paradoxe du grand-père. Comment comprendre qu'il soit à la fois possible pour notre voyageur temporel Tim de tuer son grand-père (dans la mesure où son fusil est chargé et où il tient en joue le grand-père), et impossible pour lui de tuer son grand-père (dans la mesure où, si le grand-père meurt avant de donner naissance au père de Tim, ce dernier ne naîtra jamais et ne remontera pas le cours du temps pour tuer son grand-père) ? Il semble ainsi qu'une main invisible du temps vienne empêcher le meurtre, le grand-père ne devant son salut qu'à la structure quadri-dimensionnelle inflexible de l'espace-temps. Ou, autre

1. Tout du moins si l'on accepte que si l'éternalisme est vrai, alors l'éternalisme est *nécessairement* vrai. Pour une discussion de l'approche selon laquelle différents mondes possibles peuvent instancier différentes ontologies temporelles, voir B. Le Bihan, « No-futurism and Metaphysical Contingentism », *Axiomathes* 24, 2014, p. 483-497.

alternative, cette contradiction témoignerait du caractère logiquement incohérent des voyages dans le temps.

Lorsqu'on examine un scénario de voyage dans le temps, de deux choses l'une : ou bien ce scénario est cohérent (dans le cas particulier du paradoxe du grand-père, Tim ne tue pas son grand-père pour une raison ou une autre), et le monde associé à ce scénario est logiquement possible, ou bien ce scénario est incohérent (Tim tue son grand-père), et le monde associé à ce scénario *n'est pas* logiquement possible. On voit ainsi que ce qui permet de détecter les mondes possibles incluant un voyage dans le temps sont ceux dans lesquels il n'y a aucun changement du passé. En fait, il suffit de suivre l'ordre chronologique des événements dans le temps externe pour clarifier la situation. Examinons notre scénario au moment où tout commence dans le temps externe : le moment où Tim tient en joue son grand-père. Si nous sommes dans un scénario cohérent, Tim ne tuera jamais son grand-père, sinon il n'aurait pas été là.

Il est intéressant de noter que la neutralisation du paradoxe du grand-père repose sur une souscription implicite à la théorie de l'univers-bloc (au moins en ce que l'histoire globale incluant le voyage dans le temps existe de toute éternité, figée dans le marbre) qui permet d'appréhender un monde possible comme un espace-temps possible, qui doit être logiquement cohérent non seulement localement, c'est-à-dire relativement à un présent particulier mais également de bout en bout. L'impossibilité de changer le passé est ainsi une règle absolue qui permet de dissiper les contradictions. En somme, le paradoxe du grand-père rend explicite le fait qu'il est impossible de *changer le passé et qu'il doit exister un ensemble de faits compossibles, c'est-à-dire des ensembles de faits se produisant à différents instants et respectant une cohérence trans-temporelle.* Cette impossibilité de *changer* le passé n'implique pas qu'il est impossible d'*affecter causalement* le passé, c'est-à-dire de participer à sa réalisation en prenant part aux processus causaux dans ce passé, mais plus modestement, qu'il est impossible de *remplacer* un événement par un autre événement.

UN NOUVEAU PARADOXE

Toutefois, cette analyse qui permet d'éviter l'écueil du renouveau du passé mène à un nouveau paradoxe apparent, à savoir que *le voyageur temporel peut tuer et ne peut pas tuer son grand-père.* Lewis défend alors une autre thèse en réponse à ce nouveau paradoxe : d'après l'ensemble de faits le plus inclusif, le voyageur temporel ne peut pas tuer son grand-père. En effet, il propose d'analyser le concept de possibilité comme une relation de compatibilité avec un ensemble de faits. L'extension de cet ensemble peut varier en fonction du contexte d'énonciation. Par exemple, si j'affirme que je peux parler finnois contrairement à mon chat, j'entends par là une possibilité théorique (je pourrais, en principe, apprendre ce langage et le parler). Au contraire, si je dis que je ne peux pas parler finnois, je veux dire par là que je n'ai pas appris ce langage et donc que je ne peux pas le parler à l'heure actuelle. Il n'y a pas de contradiction entre les deux affirmations puisqu'elles font appel à deux listes différentes de faits. Relativement à l'ensemble le plus inclusif des faits listés ci-dessus, qui inclut en particulier le fait que je n'ai pas appris le finnois, je ne peux pas converser dans ce langage. Il en va de même pour Tim : relativement à l'ensemble des faits le plus inclusif, qui inclut le fait que « le grand-père n'a pas été tué », il ne peut tout simplement pas tuer son grand-père. Notre intuition selon laquelle il peut tuer son grand-père exprime alors une compatibilité avec une classe de faits plus restreinte. Il n'y a donc pas ici de contradiction qui permettrait de soutenir que les voyages dans le temps sont logiquement impossibles du fait qu'ils impliquent de façon contradictoire que certaines choses sont à la fois possibles et impossibles.

L'HISTOIRE ULTIME

Si vous n'avez pas encore lu la nouvelle de Heinlein « Vous les zombies », ou vu son adaptation en film (*Predestination* réalisé par M. et P. Spierig en 2014) et que vous ne voulez pas gâter le plaisir de suivre le récit et éviter les surprises, je vous conseille de vous familiariser avec cette histoire, souvent décrite comme le voyage dans le temps ultime, avant de poursuivre la lecture de ce commentaire. Dans cette histoire, Heinlein nous présente l'histoire d'un être humain qui est à la fois son propre père et sa propre mère. En effet, en ne pointant que les éléments les plus décisifs de cette histoire compliquée, un bébé, qui sera nommée « Jane », est déposé en 1945 devant un orphelinat. Jane grandit, devient adulte et tombe enceinte d'un mystérieux inconnu. Son accouchement ne se passe pas comme prévu : les médecins découvrent son intersexuation et doivent procéder à une hystérectomie suite à l'endommagement de son appareil génital. Jane suit une procédure médicale pour changer de sexe et devient John. Quelque temps plus tard, le bébé est enlevé par un voyageur temporel qui le dépose devant l'orphelinat en 1945. John, pour sa part, voyage ensuite dans le passé et a une relation sexuelle avec sa contrepartie passée,

Jane. Jane et John sont donc à la fois deux contreparties temporelles de Jane, et les parents de Jane.

Je n'ai ici exposé que les grandes lignes de cette histoire, qui peut donner mal à la tête de par sa complexité. Le point important est que celle-ci est cohérente et pousse le paradoxe du grand-père à son paroxysme, en montrant qu'il est non seulement cohérent d'envisager des voyages dans le passé, mais qu'il est également possible de concevoir des boucles temporelles (un autre thème récurrent en science-fiction à cet égard est la non-invention de la machine à voyager dans le temps, dont la connaissance nécessaire à sa construction est transmise du futur au passé, sans qu'elle ait jamais été inventée). Ce type de mondes dotés de boucles causales est très certainement plus incroyable encore que les scénarios présentant le paradoxe du grand-père ; ils sont néanmoins cohérents. Ceci montre qu'il est erroné de diagnostiquer une incohérence dans le concept de *boucle causale*. Le concept de *chaîne causale* ne contient aucunement, de manière analytique, la condition selon laquelle celle-ci devrait avoir une origine. En un sens, cela est évident : on peut tout à fait imaginer un monde qui n'a pas de début, et dans lequel il existe une chaîne causale infinie sans premier événement. Ces scénarios montrent que même au sein d'un univers avec une origine et une fin, il peut exister en principe de telles relations causales (et, à nouveau, de tels scénarios sont non seulement concevables, mais compatibles avec certaines solutions de la relativité générale)[1].

1. Pour un autre scénario de voyage dans le temps qui respecte non seulement la cohérence logique mais aussi la cohérence psychologique des personnages, et une analyse philosophique, *cf.* J. Benovsky, *Le puzzle philosophique*, Paris, Ithaque, 2010, chapitre 4.

VOYAGES DANS LE MULTIVERS

Dans la fin de l'extrait, Lewis porte son attention sur une manière apparente de résoudre le paradoxe du grand-père : on peut songer à recourir à la thèse de la *structure arborescente de la réalité* pour rendre cohérente la possibilité de changer le passé. L'idée revient à soutenir qu'il existe des branches de la réalité dans lesquelles se produisent des cours alternatifs des événements. Le paradoxe du grand-père pourrait alors être résolu en soutenant que lorsque Tim voyage dans le passé, il peut tuer son grand-père, ou bien parce qu'il crée ainsi une branche alternative de la réalité avec un nouveau cours de l'histoire, ou bien parce qu'il se trouvait déjà dans une autre branche de l'univers-arbre lorsqu'il a mis en joue son grand-père. Cette conception de la réalité comme une structure arborescente mène à une forme de multivers modal, c'est-à-dire à l'idée selon laquelle notre univers n'est qu'un univers parmi d'autres au sein d'une pluralité d'univers : le multivers.

En laissant de côté le scepticisme associé à l'idée de multivers (dont on trouve des variantes dans certaines approches de la mécanique quantique, de la cosmologie, et dans la métaphysique de Lewis[1]), l'approche consistant à recourir à l'existence d'un multivers pour résoudre le paradoxe du grand-père n'est pas totalement convaincante, tout du moins si l'on réalise que l'essence même du paradoxe est de faire comprendre qu'il est impossible de changer le passé. En première approche,

1. Toutefois, le multivers modal de Lewis n'a pas la forme d'un univers arborescent dans la mesure où il défend que les mondes possibles sont causalement déconnectés, et donc que les mondes possibles spatio-temporels ne se chevauchent pas en partageant une partie d'espace-temps (passée) commune.

souscrire à la *thèse du multivers permet de rendre possible* le voyage dans le temps avec changement du passé : le voyageur crée ou découvre un autre passé alternatif. Par exemple, le voyageur qui retournerait dans le passé pour empêcher la mort d'un proche et parviendrait effectivement à empêcher sa mort aurait substitué un passé par un autre passé en ce sens très particulier qu'il serait alors en fait localisé dans un autre passé, c'est-à-dire, dans un passé appartenant à un autre monde (qu'il ait créé le monde parallèle en question ou, alternativement, qu'il se soit rendu dans un autre passé qui existe indépendamment du voyage dans le temps). Cependant, et il s'agit d'une quatrième thèse de Lewis, nous n'avons alors pas affaire au remplacement d'un passé par un autre passé objectif – au contraire, ce que nous observons, c'est la relocalisation, le déplacement du voyageur temporel *au sein du multivers*. Aussi intéressants que soient ces récits, et en négligeant les questions qu'ils engendrent à propos de l'ontologie de ces mondes parallèles, ils ne correspondent pas aux voyages classiques dans le temps. La mort d'un défunt, par exemple, est irrévocable : le fait qu'il existe un autre monde alternatif dans lequel cette personne est encore en vie au *même instant*[1] ne change absolument rien au fait que la branche du multivers du départ demeure, par

1. Plus précisément, il existe un monde dans lequel cette personne est en vie à un instant fonctionnellement équivalent à cet instant. En effet, la théorie de l'univers-bloc suggère que le temps est *interne* à la structure des mondes possibles, et n'est pas un paramètre *externe* aux mondes (et propre à l'espace logique des mondes) permettant de coordonner de façon externe les différents espaces-temps possibles. *Cf.* B. Le Bihan, *Un espace-temps de contingences*, manuscrit de thèse, Rennes, 2015, p. 149-171.

nécessité logique, identique à elle-même. En somme, les voyages dans le multivers sont intéressants et méritent d'être étudiés, mais ils ne permettent aucunement de rendre tenable la thèse selon laquelle il est possible de changer le passé.

VOYAGES ORDINAIRES DANS LE TEMPS

Admettons donc que nous ne pouvons pas changer le passé, et que les voyages dans le temps ne sont possibles que dans la mesure où ils ne génèrent pas de contradictions. En acceptant l'éternalisme, on est en droit de s'interroger : qu'en est-il de l'avenir ? Peut-on changer le futur si le futur existe déjà ? Il semble en effet que le schéma explicatif déployé dans les cas exotiques de voyage dans le temps, impliquant un déphasage de la causalité et du temps réel, émerge à nouveau dans les cas ordinaires de voyage dans le temps, à savoir *le simple fait d'avancer dans le temps*, ou pour le dire autrement, de durer dans la dimension temporelle ainsi que nous le faisons constamment. S'il est impossible de changer le passé sous peine de rendre la réalité contradictoire, qu'en est-il de la possibilité de changer l'avenir ? Après tout, si l'éternalisme est vrai, alors le futur existe tout autant que le passé, et il est impossible de *changer* le futur, ce qui semble entraîner que le futur n'est pas ouvert puisqu'il ne pourra pas être différent de ce qu'il est déjà, là-bas dans le futur, relativement à l'instant présent. C'est cette question de l'ouverture du futur dans le cadre de l'éternalisme que nous allons aborder avec le prochain texte.

TEXTE 2

KRISTIE MILLER

Éternalisme et libre-arbitre[*]

L'éternalisme est, *inter alia*, la thèse selon laquelle les événements passés, présents et futurs existent. S'il y aura des robots conscients (*sentient robots*), alors il y a de tels robots. C'est juste qu'ils ne sont pas dans les parages. La plupart des philosophes en ont conclu que, dans un monde éternaliste, le futur est fixé : pour toute affirmation dont le verbe principal est conjugué au futur (*future-tensed statements*) et énoncée à *t*, celle-ci est ou bien vraie à l'instant *t*, ou bien fausse à *t*, et il est déterminé à *t*, *laquelle* de ces deux valeurs de vérité est possédée par l'énoncé. Si j'énonce présentement « des robots conscients vont prendre le contrôle du monde », cette affirmation est, présentement, ou bien vraie ou bien fausse, dans la mesure où soit il existe une région d'espace-temps dans le futur dans laquelle il existe de tels robots qui prennent le contrôle du monde, soit une

* « The Growing Block, Presentism and Eternalism », *in* H. Dyke, A. Bardon (eds.), *A Companion to the Philosophy of Time*, Wiley-Blackwell, 2013, section 4.1.

telle région d'espace-temps n'existe pas. Une telle fixité du futur peut alors occasionner une certaine gêne. Si les faits à propos de ce qui va se produire sont fixés, pouvons-nous encore ménager une place au libre arbitre, ou ne devrions-nous pas tous, au contraire, souscrire au fatalisme ?

Cette objection me paraît toutefois infondée, tout du moins lorsqu'elle cible principalement l'éternaliste. Notons que cette objection, ainsi que toutes celles du même acabit, opère vraisemblablement non seulement contre l'éternalisme mais aussi contre le présentisme. Pourquoi donc ? Rien ne garantit dans le présentisme *per se* que le futur n'est pas fixé dans un monde présentiste. Le présentiste doit défendre la thèse selon laquelle les objets et les événements futurs n'existent pas. Il n'existe donc pas de robots conscients. Cependant, il n'existe pas non plus de dinosaures. [Or], les présentistes doivent proposer une manière de fonder la vérité des énoncés dont le verbe principal est conjugué au passé (*past-tensed statements*). Néanmoins, dans la mesure où le passé et le futur jouissent du même statut ontologique, il est plausible *prima facie* que, quel que soit l'appareillage employé par le présentiste pour fonder des énoncés dont le verbe principal est conjugué au passé, celui-ci fondera (ou au moins pourrait fonder) aussi des énoncés dont le verbe principal est conjugué au futur. Il est très aisé de s'en convaincre si l'on fonde les énoncés dont le verbe principal est conjugué au passé dans l'association de la totalité des faits localisés dans le présent et des lois de la nature. En effet, les lois actuelles de la nature sont symétriques. Or, si elles sont déterministes, elles déterminent alors entièrement non seulement ce qui s'est effectivement produit dans le passé, mais aussi ce qui se produira dans le futur. Ainsi, pour tout énoncé dont le verbe principal est conjugué au passé ou au futur, cet énoncé est ou bien vrai ou bien faux, et cela de façon déterminée. De la même manière, alors que l'on pourrait tout à fait tenir pour acquis que le monde possède des propriétés tensées passées (*past-tensed properties*) qui jouent le rôle de vérifacteurs pour les énoncés dont le verbe principal est conjugué au passé, et qu'il n'instancie pas de propriétés tensées futures (*future-tensed properties*) *sui generis*, on peut s'interroger sur les raisons de souscrire à cette thèse. L'introduction d'une telle différence semble pour le moins *ad hoc*, au moins en l'absence d'une raison indépendante expliquant pourquoi la première, à la différence de la dernière, existe. Et cette explication devrait éviter d'être simplement que la première existe car le passé a existé, alors que le futur n'existe pas encore.

Le présentiste, en dépit des apparences, n'est donc pas dans une meilleure position pour nier que le futur est fixé s'il souhaite également maintenir que le passé est fixé. Cela n'est guère surprenant : l'éternaliste et le présentiste traitent le futur et le passé sur un pied d'égalité ontologique. Il est donc difficile pour eux de soutenir qu'il y a de la fixité dans le passé, mais pas dans le futur. À cet égard, l'éternaliste et le présentiste diffèrent tous deux du théoricien de l'univers-bloc en croissance, ce dernier possédant les ressources qui lui permettent d'expliquer comment le passé peut être fixé alors que le futur ne l'est pas : en effet, le passé existe et fonde la vérité des énoncés conjugués au passé, mais le futur n'existe pas, et échoue ainsi à fonder la moindre vérité que ce soit à propos des énoncés conjugués au futur.

En faisant l'hypothèse raisonnable selon laquelle le présentiste doit accepter le caractère fixé du passé et donc aussi, d'après ce raisonnement, celui du futur, cela ne signifie-t-il pas que l'éternaliste et le présentiste (à la différence, peut-être, du théoricien de l'univers-bloc) doivent tous deux s'inquiéter de l'inexistence du libre arbitre ? Il existe des raisons d'en douter. Supposons que le futur est fixé. Les énoncés dont le verbe principal est conjugué au futur sont, maintenant, ou bien vrais ou bien faux. Supposons qu'il est vrai qu'il se produira une guerre impliquant des robots conscients. En un certain sens, nous ne pouvons rien faire à propos de cela, et cela peu importe ce que nous faisons effectivement, la guerre impliquant des robots viendra à se réaliser (*will come to pass*). Néanmoins, cela ne signifie nullement que ce que vous et moi choisissons de faire n'a aucune incidence sur comment le monde s'avère être, ou que, d'une manière ou d'une autre, nos choix sont contraints d'une façon nuisible. Le fait qu'il soit le cas qu'il y aura une guerre impliquant des robots conscients est tout à fait compatible avec le fait que cette guerre est précisément due à ce que vous et moi faisons maintenant. En effet, on pourrait s'attendre à ce que l'existence de cette guerre soit en partie due à la raison majeure que nous construisons de tels robots. Nous réalisons certains choix, et ces choix ont une influence causale sur comment est le monde. En effet, ces choix font advenir le fait qu'il y a une guerre impliquant des robots dans le futur. De plus, le fait qu'il y aura une telle guerre est tout à fait compatible avec le fait que, aurions-nous fait d'autres choix, il n'y aurait pas eu de guerre ; et dès lors, les faits à propos du futur auraient été différents. Le futur aurait été également fixé, mais les faits fixés auraient été autres que ce qu'ils sont. Supposons que quels que soient les choix que nous finissons par faire, ceux-ci mènent à une guerre impliquant des robots. Il ne découle absolument pas de ce fait que, aurions-nous fait d'autres choix, une guerre impliquant des robots se serait néanmoins produite.

Peut-être existe-t-il des raisons générales de s'inquiéter du fait de savoir si vous et moi possédons un libre arbitre en un sens bien substantiel (*appropriately meaty sense*). Cependant, le fait que les énoncés dont le verbe principal est conjugué au futur possèdent dès maintenant des valeurs de vérité déterminées n'offre aucune raison additionnelle de nous inquiéter à propos du libre arbitre.

COMMENTAIRE

LA CONTINGENCE DU FUTUR

Introduction

L'auteure soutient explicitement deux thèses dans cet extrait : 1) *l'éternaliste n'est pas plus en difficulté que le présentiste pour rendre compte du libre arbitre*, et 2) *cette difficulté n'est pas probante*. Examinons-les tour à tour. L'éternaliste, en soutenant que le futur existe d'une certaine manière, appréhende le futur comme étant actuel en un sens philosophique. Rappelons qu'il est important de distinguer le sens technique d'*être actuel* de la notion d'*être présent*, qui correspond globalement à l'idée d'être « en acte », au lieu d'être uniquement possible. Le passé qui s'est réellement produit au cours de l'histoire, et qui a mené à notre situation présente, est composé d'événements à la fois actuels et passés. L'émergence future de robots conscients (en admettant qu'elle vienne à se produire), est un événement à la fois actuel et futur. Et, de même, un événement contre-factuel, qui par définition n'est pas actuel, peut être passé, présent ou futur, ou pour le dire dans les termes du théoricien B qui peut souscrire naturellement à une sémantique d'espace-temps possible, peut exister à n'importe quelle localisation dans un espace-temps possible. Il semble alors que l'éternalisme, en soutenant que des événements peuvent être à la fois futurs et actuels, entraîne l'existence d'un futur qui ne pourra pas être autrement que ce qu'il *est* et, par conséquent, entre en conflit avec l'existence du libre arbitre. Le présentisme, au contraire, appréhende le futur comme une *page blanche* : un réceptacle à une actualisation de la réalité qui pourra dépendre, à l'occasion et en partie, de nos choix présents.

Pourquoi Kristie Miller soutient-elle alors que l'éternaliste n'a pas plus de problème que le présentiste pour rendre compte de l'existence du libre arbitre ? Cette thèse se justifie lorsqu'on fait basculer notre attention du futur – et de son actualité – vers le passé et son actualité. Comme nous l'avons vu dans la section 3 de l'essai, le présentiste rencontre des difficultés symétriques à celles rencontrées par l'éternaliste avec le *problème du fondement des vérités passées*. Le présentiste et l'éternaliste acceptent tous deux que le futur et le passé ont le même *statut ontologique* : ou bien ils existent tous deux, ou bien ni l'un ni l'autre n'existent. Cette symétrie existentielle entraîne à son tour une symétrie de *la nécessité induite par l'existence* : si le passé et le futur existent, alors ils induisent tous deux une détermination existentielle. Au contraire, si aucun des deux n'existe, alors le passé et le futur sont ouverts en ce sens qu'ils ne sont pas sujets à une détermination existentielle. Ainsi on voit que les difficultés de l'éternaliste et du présentiste sont symétriques : le présentiste doit expliquer pourquoi le passé est fixé si cette fixité ne provient pas d'une détermination existentielle, et l'éternaliste pourquoi le futur est ouvert malgré l'existence d'une apparente détermination existentielle. Ce point justifie l'affirmation de Kristie Miller que les symétries des deux théories mènent à une symétrie des difficultés.

La seconde thèse de l'auteure est que l'existence du futur n'implique pas une fixité particulière du futur et donc pas de menace spécifique à l'encontre de l'existence d'un libre arbitre. Comme nous allons voir dans la suite, cette thèse doit être nuancée en ce qu'elle encapsule une pluralité de thèses distinctes plus fines ; par conséquent, il existe diverses manières de formuler la thèse de la compatibilité de l'existence du futur avec celle d'un libre arbitre.

DÉTERMINISME ET LIBRE ARBITRE

Il est important de noter que Kristie Miller souscrit implicitement, au moins pour l'économie de ses arguments donnés dans ce passage, à une *troisième thèse* : *l'existence du libre arbitre requiert l'existence d'une contingence réelle*. Par *contingence réelle*, entendons ici l'idée selon laquelle différents futurs sont possibles, en un sens robuste de la possibilité (par opposition à la possibilité simplement épistémique associée à notre manque de connaissances). Cette contingence réelle peut être ou bien de nature nomologique, associée aux lois de la nature et à la causalité, ou bien métaphysique, associée à l'existence d'essences ou d'autres types de nécessités découvertes *a posteriori*, dans la lignée des travaux de Kripke[1].

1. Pour une introduction aux travaux de Kripke, *cf.* F. Drapeau Vieira Contim et P. Ludwig, *Référence et modalités*, Paris, P.U.F., 2005.

Il est donc important de clarifier les rapports qu'entretiennent les idées de *fixité ou de nécessité du futur* d'une part, et de *libre arbitre* d'autre part. La littérature contemporaine sur le libre arbitre s'organise autour de plusieurs grandes approches qui proposent une réponse différente à la question de savoir si le libre arbitre, et par extension la notion de responsabilité morale qui le requiert en amont, est compatible avec l'existence d'un déterminisme qui peut plonger ses racines dans plusieurs origines : des lois déterministes de la nature ou un déterminisme sociologique par exemple. En simplifiant, on peut alors distinguer trois grandes approches : l'*incompatibilisme*, le *compatibilisme* et les approches jugeant que la question de la compatibilité du libre arbitre avec le déterminisme du monde n'est pas essentielle pour une raison ou une autre. Les incompatibilistes soutiennent que libre arbitre et déterminisme sont incompatibles et se répartissent ensuite entre les *libertariens* qui acceptent l'existence du libre arbitre et en tirent une raison de rejeter le déterminisme, et les *déterministes radicaux* (*hard determinists*) qui, en acceptant l'existence d'un déterminisme d'une forme ou une autre, nient l'existence d'un libre arbitre. Les compatibilistes soutiennent que des agents dotés d'un libre arbitre peuvent exister dans un monde déterministe. Enfin, la troisième catégorie regroupe les approches qui jugent que le libre arbitre est incompatible, non seulement avec un monde déterministe, mais également avec un monde *in*déterministe, ou encore celles qui jugent le concept de libre arbitre intrinsèquement incohérent, neutralisant l'intérêt de la question de la compatibilité du concept avec une réalité déterministe.

Cette classification est importante pour mesurer les conséquences potentielles d'une fixité du futur associée à son existence dans le cadre de l'éternalisme. En effet, s'il existe un déterminisme associé à l'existence du futur, il semble, à première vue au moins, que l'on puisse souscrire aux stratégies compatibilistes, incompatibilistes ou de la troisième voie, pour clarifier son rapport à l'existence d'un libre arbitre des agents. Il importe donc de tracer une séparation nette entre deux questions. Premièrement, l'existence du futur génère-t-elle une forme spécifique de déterminisme ? Et, deuxièmement, si la réponse est positive, ce déterminisme spécifique entraîne-t-il des conséquences particulières à l'égard de l'existence d'un libre arbitre des agents localisés dans l'espace-temps ? Dans un premier temps, nous allons voir que le déterminisme associé à l'existence du futur, appelons-le « déterminisme existentiel », est un déterminisme potentiel parmi d'autres, ce qui entraîne que l'éternalisme demeure une thèse relativement neutre à l'égard du débat sur le libre arbitre. Dans un second temps, nous examinerons la question, indépendante, de savoir si l'existence du futur entraîne réellement un déterminisme existentiel, et nous verrons qu'il existe au moins trois stratégies pour briser ce lien. Nous laisserons de côté les débats classiques sur le libre arbitre qui transcendent largement notre objet d'étude, à savoir les conséquences posées par l'éternalisme sur l'existence du libre arbitre et d'une contingence réelle.

DÉFINITION DU DÉTERMINISME EXISTENTIEL

Tout d'abord, examinons la spécificité de la notion de nécessité ou de déterminisme associée à l'existence du futur. Nous n'avons pas affaire à un *déterminisme nomologique*, qui prendrait sa source dans une force modale propre à des *lois de la nature* légiférant l'évolution du monde naturel, et cela quelle que soit l'approche adoptée à l'égard des lois de la nature (en les appréhendant comme des entités primitives par exemple, ou encore en les identifiant à des propriétés dispositionnelles des choses ou à des relations causales existant entre celles-ci[1]). Il ne s'agit pas non plus d'un *déterminisme linguistique* associé à l'*attribution de valeurs de vérité aux énoncés qui décrivent le futur*. Si Kristie Miller discute le statut des faits futurs contingents à l'aide de ces caractérisations sémantiques (en termes de valeurs de vérité attribuées à des énoncés), il est important de noter l'existence de deux menaces de détermination bien distinctes : le *déterminisme linguistique* évoqué ci-dessus et le *déterminisme existentiel (ou ontologique)*. La menace du déterminisme linguistique prend sa source dans l'*attribution de valeurs de vérité* aux énoncés qui décrivent le futur, quand le déterminisme existentiel découle de l'*existence d'entités futures* induite par la thèse éternaliste. Ainsi, la nécessité associée à l'existence du futur doit s'appréhender comme un *nouveau type potentiel de nécessité*, aux côtés de la nécessité nomologique prenant sa source dans la *force nécessitante* des lois de la nature, de la nécessité linguistique plongeant ses racines dans une *caractérisation linguistique*, et d'autres types encore de nécessités (par exemple la nécessité sociologique associée à l'existence de *mécanismes*

1. Une exception notable est l'approche régulariste qui rejette l'existence de lois de la nature proprement dites, en fondant la vérité des énoncés nomologiques dans la régularité de la distribution des entités dans l'espace-temps.

sociologiques statistiques ou la nécessité divine associée à l'*omniscience divine*).

Notons, à ce stade, qu'il est tout à fait envisageable qu'aucune de ces nécessités ne soit réelle; ce qui importe est de comprendre que nous devons faire face à plusieurs problèmes distincts, et que sans démêler ces différentes notions, il sera impossible d'en donner un traitement clair. De plus, un autre point mérite ici notre attention : il est courant de lire qu'il existe une distinction cruciale entre *déterminisme* et *fatalisme*. En effet, le déterminisme est parfois appréhendé comme l'attribution d'une détermination du futur ayant ses racines dans le *présent* (comme le déterminisme nomologique ou sociologique) et le fatalisme comme la thèse d'une source de détermination du futur prenant sa source dans le *futur* lui-même (on parlerait ainsi de « fatalisme » existentiel par exemple). Cette distinction est intéressante mais elle pose au moins deux problèmes : 1) elle ne permet pas de classer clairement les types de détermination qui ne prennent leur source ni dans le présent, ni dans le futur, telle que le déterminisme divin associé à la connaissance omnisciente d'un dieu localisé hors du temps; 2) la question de la compatibilité du libre arbitre et du déterminisme se pose pour chaque type de déterminisme, si bien qu'il est possible, au moins en principe, de souscrire à chacun des types de déterminismes en lui associant une position compatibiliste, sans adopter la position fataliste correspondante. Par conséquent, j'utiliserai dans la suite le terme de « déterminisme » plutôt que celui de « fatalisme » (et cela bien qu'il soit courant de faire référence au déterminisme linguistique sous le nom de « fatalisme logique »).

Le problème du déterminisme linguistique est plus fondamental que celui du déterminisme existentiel en ce sens que la résolution du premier problème n'offre pas de solution clefs en main pour résoudre le second. L'auteure ne le traite pas, et à raison, car ce problème demeure déconnecté des problèmes d'ontologie temporelle. Il faut simplement noter un point dialectique : s'il existe une forme de déterminisme linguistique, alors il n'y a aucune raison de trouver problématique l'existence du futur, qui vient simplement *surdéterminer* le futur, en ajoutant à la détermination linguistique une détermination existentielle.

EXISTENCE D'UN DÉTERMINISME EXISTENTIEL

L'éternalisme implique donc une menace déterministe particulière, fondée dans l'existence du futur. Cette menace sera plus ou moins problématique en fonction de vos opinions sur le fait de savoir si le monde est déterminé ou non. Quoi qu'il en soit, il demeure à mon sens possible de concilier existence du futur et absence de déterminisme existentiel. Pour cela, il faut : 1) rejeter notre intuition selon laquelle l'existence du futur implique une nécessité de l'occurrence de ce futur, par exemple en soutenant que la nécessité existentielle ici convoquée ne se laisse pas aisément définir dans le cadre standard de l'analyse des modalités, c'est-à-dire la sémantique des mondes possibles ; 2) ou élaborer un cadre théorique dans lequel une certaine nécessité du futur est compatible avec une certaine ouverture de ce futur, c'est-à-dire en niant que la nécessité existentielle du futur entraîne un déterminisme existentiel. Examinons tour à tour ces deux approches.

La nécessité est analysée dans le cadre de la sémantique des mondes possibles comme l'appartenance à une collection de mondes possibles, différentes collections correspondant à différents types particuliers de nécessité. Par exemple, la nécessité nomologique sera associée à l'appartenance à l'ensemble des mondes possibles qui partagent les lois de la nature du monde actuel. Or, la nécessité existentielle est la nécessité associée non pas à une pluralité de mondes possibles, mais à un *unique monde possible* : notre monde, notre espace-temps actuel. À strictement parler, on peut considérer que le monde actuel est une collection de mondes possibles constituée d'un seul membre, suggérant que la nécessité existentielle peut tout à fait s'analyser dans le cadre de la sémantique des mondes possibles. Toutefois, il faut bien admettre que cette nécessité, fondée dans une unicité, devient alors triviale.

Quoi qu'il en soit, nous avons une intuition très forte que l'existence du futur implique qu'il est impossible de faire en sorte que ce qui de fait est le cas n'advienne pas. On pourrait juger que le caractère trivial de la nécessité existentielle dans le cadre de la sémantique des mondes possibles signale qu'il ne faut pas s'empresser de tirer des conséquences métaphysiques de cette sémantique. Ou, on pourrait en tirer une conclusion inverse : cette sémantique montre que notre intuition selon laquelle l'existence du futur entraîne une forme de déterminisme est tout simplement fausse. L'apparente menace de déterminisme existentiel émanerait ainsi d'une intuition fausse qui, lorsqu'elle est conceptualisée dans la sémantique des mondes possibles, ne correspond à aucun type de nécessité. Toutefois, admettons que la spécificité de la nécessité existentielle, associée à l'unique existence d'un monde temporellement étendu, ne rend pas cette nécessité moins réelle (en effet, si cette nécessité n'est pas réelle, alors l'éternaliste ne rencontre aucune difficulté particulière pour rendre compte de l'ouverture du futur).

Dans la suite, nous allons examiner trois manières intéressantes de concilier éternalisme et ouverture du futur : le *réalisme modal* de David Lewis, la *théorie de l'univers arborescent* que l'on trouve notamment dans la théorie des mondes multiples de la mécanique quantique, et l'*actualisme contingent*.

LEWIS À LA RESCOUSSE ?

Une première approche pour éviter la nécessité existentielle lorsqu'on souscrit à l'éternalisme consiste à s'interroger sur le *nombre* de futurs : combien y a-t-il de futurs ? La thèse des futurs multiples énonce que tous les futurs possibles existent *simpliciter*, et que cette existence multiple enracine la contingence du futur. Ainsi, lorsque nous soutenons que demain il va pleuvoir, ou qu'il ne va pas pleuvoir, c'est parce que le futur existe de façon duale : il existe un ensemble de futurs dans lesquels il pleuvra demain, et un autre ensemble de futurs dans lesquels il ne pleuvra pas demain. Le fait de savoir auquel des deux ensembles va appartenir le futur possible qui sera notre présent n'est pas encore fixé à l'heure d'aujourd'hui.

La thèse de la réalité des futurs recoupe partiellement la thèse du réalisme modal. Défendu par David Lewis[1], le réalisme modal énonce que les mondes possibles existent tout autant et de la même manière que le monde

1. D. K. Lewis, *De la pluralité des mondes*, Paris, Éditions de l'Éclat, 2007.

actuel; ces mondes possibles ne sont pas moins réels que le monde actuel, et n'existent pas d'une manière différente de celle du monde actuel. Ainsi, pour chaque manière dont la totalité du monde *pourrait être*, il existe un monde qui *est* de cette manière. Chacun de ces mondes, qu'il s'agisse du monde actuel ou de mondes simplement possibles, est une entité concrète. L'actualité doit ainsi être traitée en termes d'indexicalité (de la même manière que les termes « je » ou « ici », termes dont la référence varie selon le contexte d'énonciation). Le terme « actuel » fait ainsi référence au monde auquel appartient le locuteur qui use de l'expression « actuel ». Il n'y a pas de différence objective entre le monde actuel et les mondes non-actuels. Dans la mesure où le terme « non-actuel » varie en fonction du monde dans lequel est utilisée cette expression, ce terme ne pointe pas vers une propriété (ou une absence de propriété objective) qui marquerait l'actualité. Objectivement, il n'y a pas d'actualité *per se*. En somme, d'après Lewis le monde actuel n'a rien de particulier excepté le fait que c'est *notre* monde. Le *réalisme modal*, tout comme le *réalisme temporel* (l'éternalisme) s'appuie ainsi sur une théorie indexicale de la localisation. L'actualité n'est rien d'autre que l'identité dans la localisation modale entre le monde où a lieu la désignation d'une part, et le monde qui est désigné d'autre part (le monde actuel est le *même* monde que le monde où je suis). L'instant présent n'est rien d'autre que l'identité dans la localisation temporelle entre l'instant où a lieu la désignation d'une part, et l'instant désigné d'autre part (l'instant présent est le *même* instant que l'instant où je suis).

Le réalisme modal et l'éternalisme s'intègrent harmonieusement à une théorie que tout le monde accepte :

le *réalisme spatial*. Selon cette théorie intuitive, tous les endroits existent, votre environnement immédiat n'existant pas plus que les autres endroits : le bâtiment voisin, l'autre côté de la planète, l'autre bout de la galaxie, tous ces endroits existent au même titre que l'emplacement spatial que vous occupez à l'heure où vous lisez ces lignes. Le terme « ici » est un terme simplement indexical dont la référence varie selon le contexte d'énonciation. La localisation dénotée par l'expression « ici » n'est en rien spéciale du point de vue ontologique. Elle ne possède aucune propriété permettant de le discriminer des autres endroits de la réalité (bien sûr cet endroit diffère des autres endroits de par sa localisation, mais il ne possède pas une qualité spéciale qui ferait de cet endroit une singularité métaphysique).

La thèse de la réalité des futurs recourt ainsi au réalisme modal en soutenant que chaque futur possible est un monde possible au sens de Lewis. Ces futurs sont tout aussi réels que le présent, conformément à l'éternalisme. Toutefois, ils sont multiples. Notons que ce qui importe ici est la reconnaissance d'une *équité des futurs* : ils partagent tous le même statut existentiel contrairement à la thèse actualiste classique selon laquelle seul le monde actuel existe. Ainsi, aucun futur possible n'est privilégié.

La thèse de la réalité des futurs peut prendre deux formes. En effet, à la suite de Lewis, il est utile de distinguer deux manières de penser l'éternalisme et la multiplicité de futurs alternatifs : le *modèle arborescent* et le *modèle de l'isolation causale*. Dans le modèle arborescent, les différents futurs sont connectés au présent. Dans le modèle de l'isolation causale, défendu par Lewis, les différents futurs possibles ne sont pas connectés à notre présent; ils sont connectés à des présents causalement déconnectés les uns des autres. Chaque espace-temps est indépendant, et à chaque futur possible correspond un et un seul présent possible, ainsi qu'un et un seul passé possible. Il existe ainsi plusieurs segments passés-présents-futurs parallèles. Les espaces-temps cohabitent en quelque sorte « les uns à côté des autres » dans l'espace des possibles. C'est un éternalisme car les mondes temporels sont tous des espace-temps quadri-dimensionnels. C'est un réalisme modal car non seulement le monde actuel existe, mais les mondes possibles existent tout autant.

À première vue, le réalisme modal semble donc permettre une réelle contingence en envisageant l'existence d'une pluralité de mondes possibles. En effet, le futur est fragmenté en morceaux indépendants, sapant l'inférence qui va de l'existence du futur à la nécessité du futur.

Toutefois, pour que le futur soit ouvert, il faut non seulement que le futur soit contingent d'une manière ou d'une autre, mais également que ce futur soit *connecté* au monde présent dans lequel nous nous trouvons. En effet, l'ouverture du futur ne requiert pas simplement que le futur soit pluriel, mais également que ces futurs puissent devenir *notre* présent. En effet, quel intérêt pour nous de savoir qu'il existe une pluralité de futurs, si cette pluralité de futurs n'est pas accessible à partir de notre présent actuel ? En un slogan : notre croyance ordinaire en l'ouverture du futur repose sur l'idée de l'ouverture du futur *par rapport à notre présent*. En somme, pour être entièrement ouvert, le futur ne doit pas être seulement *multiple* : ces multiples futurs doivent en plus de cela être *connectés* au présent. Or la théorie de Lewis n'offre pas de ressources théoriques spécifiques pour conceptualiser une telle connexion entre le présent et les différents futurs possibles. Au contraire, le réalisme modal de Lewis spécifie explicitement que les différents mondes possibles sont *déconnectés* du monde actuel, et donc que parmi les différents futurs possibles, seul l'un d'entre eux est connecté au présent en ce qu'il constitue une partie propre de l'espace-temps auquel nous appartenons. Ceci implique qu'il n'existe qu'un seul et unique futur connecté au présent dans la théorie de Lewis. Ainsi, sa théorie ne permet pas de rejeter la thèse de la nécessité existentielle, telle que nous l'avons analysée. Examinons une autre approche : la théorie de l'univers arborescent.

L'UNIVERS ARBORESCENT

La *théorie de l'univers arborescent* ou le *modèle à branches* conçoit la réalité comme un multivers, une sorte d'univers d'ordre supérieur constitué de plusieurs univers d'ordre inférieur. Il s'agit donc d'une stratégie très similaire à celle que nous venons de voir dans la section précédente, si ce n'est que la pluralité de futurs est connectée au présent, selon un modèle que l'on peut se représenter comme un arbre, les branches de l'arbre correspondant aux différents futurs, le nœud connectant ces branches étant alors le présent. Qu'en est-il alors du passé : s'agit-il d'un tronc dans la représentation de l'arbre ? La question est délicate car on peut élaborer deux modèles de l'univers arborescent. Dans l'un de ces modèles, le passé est représenté par le tronc de l'arbre, dans l'autre modèle il n'y a tout simplement pas de tronc, si bien que la réalité spatio-temporelle est mieux représentée par un buisson que par un arbre. Examinons tour à tour ces deux modèles.

Dans la version dynamique de l'univers arborescent (la théorie de l'univers arbre) défendue par Storrs McCall[1], le multivers évolue au cours du temps, contrairement à la version statique qui propose un modèle dans lequel le multivers, l'univers arborescent, ne change pas. Cette dernière approche est populaire dans le cadre de la théorie des mondes multiples de la physique quantique, une théorie de la mécanique quantique qui résout certains problèmes conceptuels propres à la théorie (le *problème de la mesure* et l'interprétation ontologique de la superposition quantique) en postulant l'existence d'une pluralité de mondes ou de branches, constituant un multivers arborescent[2]. La règle de Born qui donne la probabilité d'observer un résultat particulier d'une mesure, correspond alors aux différentes possibilités qu'a l'expérimentateur de découvrir qu'il est dans telle ou telle branche.

Dans la version statique de l'univers arborescent, nommons-la « théorie de l'univers buisson », qui est le cadre ontologique standard de la théorie des mondes multiples de la mécanique quantique, la réalité entendue comme l'espace-temps quadri-dimensionnel ne varie pas, évitant notamment de recourir à un deuxième temps permettant d'enregistrer les variations dans le contenu d'un premier (espace-)temps. Ceci explique en partie le peu de succès de la version dynamique de l'univers arborescent qui cause plus de problèmes qu'elle n'en résout. Ainsi, dans la théorie de l'univers arborescent

1. S. McCall, *A Model of the Universe : Space-Time, Probability and Decision*, Oxford, Clarendon Press, 1994.

2. Pour une présentation de la théorie des mondes possibles, *cf.* D. Wallace, *The Emergent Multiverse : Quantum Theory according to the Everett Interpretation*, Oxford, Oxford University Press, 2012.

standard (statique), notre passé n'est alors qu'une branche dans une structure arborescente remontant jusqu'au Big Bang.

Ce modèle offre non seulement une pluralité de futurs, mais aussi une pluralité de futurs *connectés au présent*, permettant de fonder une ouverture substantielle du futur, dans le cadre de l'éternalisme. Si cette interprétation n'est pas économe, puisqu'elle nécessite de postuler l'existence d'un multivers, elle possède néanmoins le mérite d'être l'ontologie naturelle de l'une des plus importantes théories de la mécanique quantique.

L'ACTUALISME CONTINGENT

J'ai proposé dans mon travail de thèse une troisième voie pour réconcilier éternalisme et ouverture du futur : l'*actualisme contingent*[1]. Cette approche consiste à accepter l'existence d'*un seul et unique espace-temps*, dans lequel nous vivons, mais à nier que le caractère éternaliste de ce monde entraîne un déterminisme existentiel.

Cette approche impose de faire une distinction entre deux grandes catégories de modalités : les *modalités linguistiques* et les *modalités réelles*. L'actualiste contingent considère alors que la nécessité du futur, découlant de l'ontologie éternaliste et actualiste, est une nécessité d'ordre linguistique : elle prend sa source dans les conditions d'applications correctes des mots et phrases que nous utilisons, contraintes par les règles d'utilisation du langage ordinaire. Ainsi, le fait que ce qui se passera se passera nécessairement découle non pas d'un fait métaphysique, qui serait que ce qui existe *existe*

1. B. Le Bihan, *Un espace-temps de contingences*, *op. cit*.

nécessairement, mais d'un fait linguistique qui est que par convention linguistique nous décrivons ce qui existe comme existant nécessairement (au sens de la nécessité existentielle). Il est alors possible de coupler ce traitement linguistique de la nécessité attachée à l'existence avec un traitement ontologique de la contingence associée avec l'ouverture du futur, en proposant des vérifacteurs des énoncés contingents futurs.

Prenons un exemple et admettons que demain il va pleuvoir à Genève. Considérons alors les deux énoncés suivants : 1) nécessairement, demain il va pleuvoir à Genève, 2) possiblement, demain il ne pleuvra pas à Genève. À première vue, ces deux énoncés sont contradictoires. Toutefois, ils sont contradictoires si, et seulement si, les termes « nécessairement » et « possiblement » dans les deux énoncés relèvent du *même* type de modalité. Or, et il s'agit d'une conception très répandue dans la littérature contemporaine, les divers types de modalités (épistémique, nomologique, logique, métaphysique) sont habituellement appréhendés dans un cadre moniste en termes de restrictions sur l'ensemble de mondes possibles considérés. Ma proposition est de rejeter ce cadre, en rappelant que les langages ordinaires marquent bien souvent une distinction entre deux types de modalités : celles qui dépendent du sujet et celles qui n'en dépendent pas (on peut songer à *might* et *can* en anglais par exemple, le premier terme connotant une possibilité épistémique, le second une possibilité réelle). On peut alors spécifier l'énoncé (1) de la manière suivante : « nécessairement (relativement aux modalités linguistiques), demain il va pleuvoir à Genève ». De même, on peut préciser l'énoncé (2) comme suit : « possiblement (relativement aux modalités réelles), demain il ne va pas pleuvoir à Genève ». Si le terme modal du premier énoncé porte sur les conditions d'application des termes, et que le deuxième énoncé porte sur la nature du monde, alors il devient possible de couper la connexion qui, de la vérité de (1) entraîne, à première vue, la fausseté de (2). Le vérifacteur de l'énoncé (1) est alors identifié à la signification même du terme « existence » qui pose par convention que ce qui existe à un instant *t*, ne peut pas ne peut exister à *t*.

La question de savoir si le futur est réellement ouvert ou non devient alors une question orthogonale à la question de savoir si le futur existe ou non : pour répondre à cette question il faut alors examiner s'il existe une source vraisemblable d'indéterminisme. Selon l'une des trois principales théories de la mécanique quantique (de l'effondrement spontané, dont la plus connue est la théorie GRW, pour Ghirardi-Rimini-Weber[1]), il existe une telle indétermination dans le monde, que l'on peut concevoir comme fondée dans l'existence de dispositions probabilistes qu'ont les systèmes physiques de manifester leurs effets, ou encore de relations causales intrinsèquement probabilistes entre les événements qui constituent l'espace-temps. Le vérifacteur de l'énoncé (2) serait alors l'existence de telles dispositions, ou de telles relations probabilistes primitives, encodant une contingence, et venant connecter les événements qui structurent l'espace-temps. Toutefois, rappelons que les deux autres théories de la mécanique quantique les plus

1. Voir M. Esfeld, « Physique quantique », dans M. Kristanek (dir.), *L'encyclopédie philosophique*, http://encyclo-philo.fr/physique-quantique-a/, sections 7-9, 2016.

populaires, la théorie des mondes multiples et la théorie de Bohm, sont quant à elles des théories déterministes, ce qui rend difficile, voire impossible, de se prononcer sur le fait de savoir si le futur est réellement ouvert ou non dans le cadre de la mécanique quantique (laquelle, qui plus est, rappelons-le, est probablement vouée à être remplacée à l'avenir par une théorie de la gravité quantique).

CONCLUSION

En conclusion, le lecteur pourrait peut-être être frustré par le manque de réponses claires et définitives à la question de savoir si le libre arbitre s'exerce quotidiennement dans la réalité telle que décrite par l'éternalisme ou plus modestement, de savoir si l'existence du futur condamne la contingence du futur. Ce qui est clair, toutefois, est que Kristie Miller a raison de soutenir que l'éternaliste ne doit aucunement accepter que sa position condamne le *libre arbitre*. Même en laissant de côté l'approche compatibiliste qui propose de concilier libre arbitre et déterminisme, l'existence du futur est, en principe, compatible avec la thèse de la contingence naturelle du futur, dès lors que l'on postule ou bien une multiplicité de futurs (réalisme modal et théorie de l'univers arborescent), ou bien des relations ou dispositions intrinsèquement indéterministes connectant les événements (actualisme contingent).

TABLE DES MATIÈRES

Achevé d'imprimer en novembre 2019
La Manufacture - Imprimeur – 52200 Langres – Tél. : (33) 325 845 892
Imprimé en France – N° : 191606 – Dépôt légal : décembre 2019